人生是一种态度

王非庶 编著

光明日报出版社

图书在版编目（CIP）数据

人生是一种态度 / 王非庶编著 —— 北京：光明日报出版社，2012.6（2025.1 重印）

ISBN 978-7-5112-2373-9

Ⅰ．①人… Ⅱ．①王… Ⅲ．①人生哲学—通俗读物 Ⅳ．① B821-49

中国国家版本馆 CIP 数据核字 (2012) 第 076440 号

人生是一种态度

RENSHENG SHI YIZHONG TAIDU

编　　著：王非庶	
责任编辑：李　娟	责任校对：易　洲
封面设计：玥婷设计	封面印制：曹　净

出版发行：光明日报出版社
地　　址：北京市西城区永安路 106 号，100050
电　　话：010-63169890（咨询），010-63131930（邮购）
传　　真：010-63131930
网　　址：http://book.gmw.cn
E – mail：gmrbcbs@gmw.cn
法律顾问：北京市兰台律师事务所龚柳方律师

印　　刷：三河市嵩川印刷有限公司
装　　订：三河市嵩川印刷有限公司
本书如有破损、缺页、装订错误，请与本社联系调换，电话：010-63131930

开　本：170mm×240mm	
字　数：200 千字	印　张：14
版　次：2012 年 6 月第 1 版	印　次：2025 年 1 月第 4 次印刷
书　号：ISBN 978-7-5112-2373-9	

定　价：45.00 元

版权所有　翻印必究

前言
PREFACE

甲、乙二人是两个多年不见的中学同学，在火车站相遇，他们在候车室里闲聊。甲原打算去上海，但当他听到别人说"上海人精明，连问路都要收钱"时，心里立刻打起了退堂鼓；而对"北京人厚道，即使什么都不干也不会让你饿着"的环境心存向往。于是，甲提出与准备去北京的乙交换车票的要求，乙欣然同意了。

甲顺利到了北京，整日无所事事，靠着别人的施舍和超市的免费食品悠闲度日。而乙在上海靠智慧掘到第一桶金后，开了个清洗公司，专门替商店清洗牌匾。这桩生意越做越大，后来他又开了很多家分公司。一次他去北京考察，在火车站有一个捡垃圾的人跟他要啤酒瓶，在递啤酒瓶的瞬间，这两个人都惊呆了：递酒瓶的是那位坚信去哪都能赚到钱的乙，接酒瓶的是那位欣赏北京人博大胸怀的甲。

一个富有戏剧性的故事，却真实地发生过，而且正在你我身边发生着。读完这个故事，我们不禁要思考，难道去上海真的就能成就一个人，而去北京就必然让人穷困潦倒吗？答案不言自明。那究竟是什么因素造成了两个人截然不同的命运呢？

从故事中我们可以发现，甲是一个贪图安逸、害怕困难的享受者，当他听到上海的情况后便退缩了，而选择了更易生存的北京；而乙则不然，他是典型的迎难而上的拼搏者和创业者，在连问路都要钱的上海，他不仅没有失去生存的信心，还发现了无限的商机。虽然两人的起点相同，但他们对人生追求的心态不同，因而他们走向了不同的人生道路。

所以造成两个人不同命运的答案很明显，那就是心态。

人生是一种态度

心态是人们对事物的看法和认识，是内心的想法，是一种思维的习惯状态。有什么样的心态就决定着你对事物有什么样的看法，而这种看法直接决定着你的行为。一系列的行为组合起来就是一个人的人生，就是一个人的命运。

要想控制和改变命运、获得成功，必须注重心态所具有的积极作用。那么怎么运用心态来控制和改变命运呢？方法说起来很简单，那就是积极调整你的消极心态，使其变成积极心态，充分发挥积极心态的力量。

同样是黄昏，乐观的人看到的是群星升起；同样在忙碌的城市，钢筋水泥筑造的冰冷中，奋进的人看到的是城市的飞速发展、日新月异；无可更改的时间流逝中，感恩的人看到的是岁月带给我们的精彩与丰富。

其实，事物是客观存在的，是不会改变的，改变的是人的心态，所谓"境由心生"便是由此而发。正是因为心态的不同，才使人看到了不同的世界：消极的人看到的永远是失败和痛苦，而积极的人总会看到阳光和希望。

积极的心态是人生的太阳，是成功路上的千里驹，照耀我们的内心，加速推进我们事业的锦绣前程。或许会有挫折，或许会有失败，或许会有痛苦，或许会有迷茫，但再大的磨难，在积极心态面前也会望而却步。因为这些磨难在积极者的眼中，是前进道路上的磨刀石，是攀登人生高峰的必经之路，他们的信念是：不经历风雨，怎能见彩虹。

二战期间，被关押在纳粹集中营里受尽了折磨的犹太人杰克逊，虽然惨遭厄运，不得不在死亡的阴影下艰难地生存，但他却没有被命运吓倒，而是在苦难中找到了生命的意义，找回了自己的尊严，他自由的心灵早已超越了纳粹的禁锢。

长久以来，人们认为跑完1000米用4分钟是一个极限，不可能超越，罗杰·班尼斯特却不迷信这个极限说法。他积极训练自己的精神和身体，终于实现了自己的梦想，成为奇迹的创造者。

世界科学巨匠霍金在风华正茂之时便受到命运的戏弄，成为高位截瘫者，但他依然高唱生命之曲："我的手还能活动；我的大脑还能思维；我有终生追求的理想；我有爱我的和我爱的亲人与朋友；对了，我还有一颗感恩的心……"

很难想象：如果他们遭遇苦难时，意志消沉，一味地沉浸在对苦难的恐

前 言

惧中不能自拔，不敢抗争，世界上还能否出现这些不朽的名字？其实，命运就掌握在我们自己的手中，只要我们积极地摆脱自卑、恐惧、依赖、浮躁、嫉妒等消极心态的困扰，用一种积极的心态去面对和征服人生中不断出现的障碍和苦难，执着进取、奋发向上，生命将呈现出一片灿烂、辉煌的景象。

因此，为了让更多的人懂得心态的重要性，我们推出了这本《人生是一种态度》。在本书中，我们会介绍潜藏于人类内心的一些精神能量，如潜意识、自我暗示、潜能等，并逐一分析它们在心态中所起的作用。然后，分别从正反两个方面讲述心态所带来的积极的或消极的影响，告诉读者怎样摆脱消极心态，塑造积极心态。最后，我们将进一步讨论应该怎样驾驭心态，去面对和解决成长和发展中所遇到的种种问题，从而打造一个完美的人生。

走进这本书，你即将开始的不仅仅是一个获取知识的旅程，更是一个打造心态、学习掌控自己人生命运的旅程。亲爱的读者们，完成这个旅程后，愿你们有一个美好而成功的人生。

目　录
CONTENTS

第一篇　认识心态
上佳的生存状态源于良好的心态

第一章　解读心态，破译成功密码 /2
　　潜意识：人生巨大的能量库 /2
　　自我暗示：成功旅程的开始 /4
　　潜能，存在于内心的巨大能量 /7
　　描绘自己的心灵地图 /9
　　心情的颜色会影响世界的颜色 /11

第二章　心态决定命运 /13
　　自我期待，让梦想成真的"皮格马利翁"效应 /13
　　有效的自我激励：让你在任何情况下都不会被打倒 /15
　　目标的高度决定人生的高度 /17
　　挣脱"自我设限" /19
　　学会心理调控 /21
　　接受自己，迎接阳光 /23
　　积极自我暗示，重塑成功形象 /25

第三章　积极心态缔造积极结果 /27
　　PMA 黄金定律：走向成功的黄金法则 /27

不可能？不，可能！/29

不被环境摆布，掌握人生主动权 /32

积极是永不服老的"年轻态" /33

积极塑造高情商的自我 /36

相信"天生我材必有用" /38

积极心态：最大限度利用潜意识挖掘自身的潜能 /40

第二篇 调整心态
挣脱消极心态的束缚

第四章 甩掉自卑的包袱 /44
自卑是失败者的名片 /44

欣赏自己的不完美 /45

最优秀的人就是你自己 /48

在心中撒一颗自信的种子 /50

第五章 别让悲观挡住了阳光 /53
悲观挡住了你的阳光 /53

悲观的阴云从何而来 /55

乐观者眼里没有失败 /57

用阳光驱除内心的黑暗 /59

第六章 恐惧是懦弱者的坟墓 /61
恐惧是人生的大敌 /61

直面恐惧才能战胜恐惧 /63

用勇气的利剑刺穿恐惧的黑暗 /65

少一点恐惧，多一些乐趣 /67

第七章 扔掉依赖的拐杖 /69
依赖令你远离进步 /69

扔掉依赖的拐杖 /71

自食其力才能赢得尊严 /75

用自己的脚走自己的路 /77

目 录

第八章　抚平一颗浮躁的心 /81
　　心浮气躁，难于成事 /81
　　耐心等待，成功有章可循 /83
　　放弃攀比，享受现实的快乐 /84
　　倾听内心宁静的声音 /87

第九章　不要让嫉妒蒙蔽自己的眼睛 /90
　　嫉妒是痛苦的制造者 /90
　　嫉妒别人是承认自己不如人 /92
　　祛除嫉妒的毒瘤 /94
　　用欣赏代替嫉妒 /97

第三篇　黄金心态
缔造阳光心态，享受阳光生活

第十章　阳光心态 /100
　　什么是阳光心态 /100
　　心灵阳光才能感受阳光 /102
　　人生的阳光从微笑开始 /105
　　阳光的真谛在于简单 /107
　　用心体会生活中的阳光 /110

第十一章　进取心态 /113
　　什么是进取心态 /113
　　人生当有梦想 /115
　　要有足够强烈的成功欲望 /117
　　敢于拼搏，向人生挑战 /119
　　不断挑战，才能超越自我 /121

第十二章　豁达心态 /124
　　什么是豁达心态 /124
　　人生需要一种豁达 /126
　　豁达使人宠辱不惊 /128

放弃贪婪，放开心灵 /130
气量是一种风度 /131

第十三章　感恩心态 /134
什么是感恩心态 /134
感恩是一种有回报的付出 /136
感恩让你坦然面对坎坷 /139
感恩生命，珍爱自我 /141
感谢对手 /144

第十四章　共赢心态 /148
什么是共赢心态 /148
信任是合作共赢的基础 /151
合作共赢才能实现最大的价值 /153
学会分享，快乐合作 /155

第十五章　空杯心态 /158
什么是空杯心态 /158
大学毕业等于"零" /160
活到老，学到老 /162
满招损，谦受益 /164

第四篇　驾驭心态
树立正确心态，成就完美人生

第十六章　为自己而工作 /168
工作是一种乐趣 /168
工作不仅仅为了薪水 /171
做工作的最佳受益者 /173
把工作当作自己的事业 /175
勇担责任，不找借口 /177
做问题的终结者 /180
激发你的工作热忱 /182

主动工作，超越老板的期望 /184

第十七章　在逆境中不断成长 /187

　　苦难是成长的殿堂 /187

　　正视人生路上的风和雨 /189

　　失败了也要昂首挺胸 /191

　　用微笑迎接挫折 /194

　　持之以恒，百折不挠 /196

　　屡败屡战，决不放弃 /197

　　笑看成败得失 /199

第十八章　宽容对待他人 /203

　　善待他人就是善待自己 /203

　　学会与别人分享 /205

　　己所不欲，勿施于人 /207

第一篇

认识心态

上佳的生存状态源于良好的心态

第一章
解读心态，破译成功密码

潜意识：人生巨大的能量库

著名心理学家弗洛伊德将人的意识分为意识和潜意识。意识指人在清醒状态时对自己的思维、情感和行为所能察觉的内容；潜意识指潜隐在意识层面之下的感情、欲望等复杂体验，因为受到意识的控制和压抑，个体不能觉察。

与意识一样，潜意识的心理活动也包括思维、记忆、情绪等，但不同的是这些心理活动不像意识中所进行的活动那样有条不紊和具有逻辑性，它模糊而不能为人所察觉，只能通过梦、口误以及其他一些方式间接地表现出来。尽管如此，这部分心理活动还是影响着人的行为。

现在我们对于潜意识的研究还处在一个初级的阶段，据研究成果表明，如果将人类的整个意识比喻成一座冰山的话，那么浮出水面的部分就属于显意识的范围，约占意识的5%，换句话说，95%隐藏在冰山底下的意识都属于潜意识的范围。

潜意识会依照我们心中所想的画面，构成真实事物。潜意识无法分辨事情是真还是假，只要有明确画面进入潜意识，潜意识立即就想尽办法把这个画面转为事实。即只要我们给予潜意识一个画面，它就会努力将它实质化。

如果你的潜意识里充满悲观和绝望，它就会影响到你自身的行动，带给你消极失败的结果。

有一个名叫杰瑞的男子，一天下班后，他不小心被关在一个待修的冰柜

第一篇　认识心态　上佳的生存状态源于良好的心态

里。杰瑞在冰柜里拼命敲打着、喊着，但全公司的人都走了，根本没有人听得到。杰瑞的手掌敲得红肿，喉咙叫得沙哑，也没人理睬，最后只能颓然地坐在地上喘息。他愈想愈害怕，心想：冰柜的温度只有华氏零度，如果再不出去，一定会被冻死。

他只好用发抖的手，找来了笔纸，写下遗书。

第二天早上，公司的职员陆续来上班。他们打开冰柜，赫然发现杰瑞倒在地上，他们将杰瑞送去医院，杰瑞已经没有生命迹象了。但是大家都很惊讶，因为冰柜的冷冻开关并没有启动，这巨大的冰柜也有足够的氧气，更令人纳闷的是，冰柜的温度一直是华氏61度，而杰瑞竟然"冻"死了！

我们当然可以肯定杰瑞并不是死于冰柜的寒冷，而是死于他内心的冰点，他在潜意识里给自己判了死刑。所以由此我们可以看出，影响一个人成败的因素很大程度上不在于外界的环境，而在于自己的潜意识。

如果能够积极地运用潜意识，人们往往会达到意想不到的效果，甚至创造出奇迹来。

耶茨太太由于心脏不好，一年多来都躺在床上不能动，一天得在床上度过22个小时，她最长的旅程是由房间走到花园去进行日光浴。即使那样，她也还得靠着女佣的扶持才能走动。

但是后来她却重新恢复了健康，她说：

"我当年以为自己的后半辈子就只能这样卧床了。如果不是日军来轰炸珍珠港，我永远都不能再真正生活了。

"发生轰炸时，一切都陷入了混乱。一颗炸弹掉在我家附近，震得我跌下了床。陆军派出卡车去接海、陆军军人的妻儿到学校避难。红十字会的人打电话给那些有多余房间的人。他们知道我床旁有个电话，问我是否愿意帮助联络中心。于是我记录下那些海、陆军军人的妻儿现在留在哪里，以及红十字会的人会叫哪些先生们打电话来我这里找他们的眷属。

"很快我发现我先生是安全的。于是，我努力为那些不知先生生死的太太们打气，也安慰那些寡妇们——好多太太都失去了丈夫。这一次阵亡的官兵共计2117人，另有960人失踪。

"开始的时候，我还躺在床上接听电话，后来我坐在床上。最后，我越来越忙，又很亢奋，忘了自己的毛病，我开始下床坐到桌边。因为帮助那些比我情况还惨的人，使我完全忘了我自己，我再也不用躺在床上了——除了每晚睡觉的 8 个小时。我发现如果不是日本空袭珍珠港，我可能下半辈子都是个废人。我躺在床上觉得很舒服，我总是在消极地等待，现在我才知道，那时潜意识里我已失去了复原的意志。"

正是因为珍珠港事件，潜意识引发出耶茨太太强烈的求生欲和爱心，这种积极的动力使她最终战胜了病魔，又重新站了起来。由此可见，潜意识的力量是多么的巨大。

但即使在科学和心理学有很大发展的现在，我们对于潜意识的开发也仅仅是冰山一角，就算是像爱因斯坦、达·芬奇、爱迪生这样卓越的天才人物，一生中也只不过运用了他们潜意识力量的不到 2%。

潜意识大师摩菲博士说过："我们要不断地用充满希望与期待的话，来与潜意识交谈，这样潜意识就会让你的生活状况变得更明朗，让你的希望和期待实现。"

所以，不论聪明才智的高低、成功背景的好坏，也不论理想多么的高不可攀，只要懂得善用这股潜在的能力，任何人都一定可以将自己的愿望在现实的生活中实现。

潜意识如同一部万能的机器，任何愿望都可以通过它而实现，但需要有人来驾驭它，而这个人就是你自己，只要你有心控制，只让好的印象或暗示进入你的潜意识，你就能成功。

只要我们不被负面的事物所支配，而选择有积极性、正面性、建设性的想法，我们就可以左右自己的命运。

其实，我们现在生活的一切，都是我们潜意识的真实反映。是你潜意识中各种思想和观念，造就了现在的你。如果你想要摆脱平凡，走向卓越，就要改变自己的潜意识，最大限度地发挥自己内心这股潜在的巨大能量。

自我暗示：成功旅程的开始

心理暗示是我们日常生活中最常见的心理现象，它是人或环境以非常自然的方式向个体发出信息，个体无意中接受这种信息，从而做出相应的反应的一种心理现象。暗示是一种被主观意愿肯定了的假设，不一定有根据，但由于主观上已经肯定了它的存在，心理上便竭力趋于结果的内容。

暗示有着令人不可抗拒和不可思议的巨大力量。心理学家普拉诺夫认为，暗示是人类最简单、最典型的条件反射。暗示的结果使人的心境、兴趣、情绪、爱好、心愿等方面发生变化，从而又使人的某些生理功能、健康状况、工作能力发生变化。暗示是影响潜意识的一种最有效的方式，它超出人们自身的控制能力，指导着人们的心理、行为。暗示往往会使别人不自觉地按照一定的方式行动，或者不假思索地接受一定的意见和信念。

暗示有正面暗示与反面暗示两种。

人因悲伤而哭泣，但往往也因哭泣而悲伤，世界上有许多被不安、自卑感所苦恼的人，他们总以为自己对任何事都无能为力。这显然是陷入了副作用的自我暗示的陷阱中。自我暗示的正作用，乃训练我们如何增进自信心，如何从失败中体验成功，又如何克服恶劣的情绪，等等。自我暗示能使人把面粉当药剂治好了病，也能使人把药水当毒液喝下而送了命。正确使用自我暗示如何，乃是人生历程中不可避免且必须弄透彻的一门学问。

美国有两位心理学家曾经做过这样一个实验：

为了证实他们的研究成果，他们选择了一所小学的一个班级，帮全班的小学生作了一次测验，并于隔日批改试卷后，公布了该班 5 位天才儿童的姓名。

20 年后，追踪研究的学者专家发现，这 5 名天才儿童长大后，在社会上都有极为卓越的成就。这项发现马上引起教育界的重视，他们请求那两位心理学家公布当年测验的试卷，弄清其中的奥秘所在。

那两位已是满头白发的心理学家，在众人面前取出一只布满尘埃、封条完整的箱子，打开箱盖后，告诉在场的专家及记者："当年的试卷就在这里，我们完全没有批改，只不过是随便抽出了 5 个名字，将名字公布。不是我们的测验准确，而是这 5 个孩子的心意正确，再加上父母、师长、社会大众给予他们的协助，他们才得以成为真正的天才。"

如果有人曾经告诉过你，你是一位天才，你会怎么样？

如果你在幼年时，也像那 5 名幸运的儿童一样，被告知自己是一位杰出的天才儿童。那么，你今天的成就会有什么不同？

或许你对自己的期望与要求会更高；或许你每天愿意多花一个钟头去看

书，而不是看电视；或许你会更卖力地投入自己的工作中，以获得更佳的成果。这一切都是你自愿的，因为你是一位天才。而你的父母、老师又将如何看待你呢？或许他们会更用心、更努力地来教导你；而你周围的朋友、同学、同事们，也将提供给你更多协助，充分地帮助你。这一切也是他们自愿的，因为你是一位天才；而他们也有这份使命感来协助你，帮你完成天才与生俱来的责任。

当你知道自己是天才人物之后，自己、父母、老师、亲友的使命感便油然而生，非得将你推上天才的巅峰不可，不达目的誓不罢休。

或许在过去的岁月中，你并未被告知是一位天才，所以不知道自己的使命何在。但就在此刻，在看完这个故事之后，相信你已清楚地明了，自己将是一位大师，一位顶尖的大师，你已被确切地通知了。

你是否曾经仔细地思考过，上天赋予你的重大使命是什么？而你是否已经在这一使命的激励下勇敢地前行？任何时候，每个人都别忘记对自己说一声："我天生就是奇迹。"本着上天所赐予我们的最伟大的馈赠，积极暗示自己，你便能开始成功的旅程。

拿破仑·希尔给我们提供了一个自我暗示公式，他提醒渴望成功的人们，要不断地对自己说："在每一天，在我的生命里面，我都有进步。"暗示是在无对抗的情况下，通过议论、行动、表情、服饰或环境气氛，对人的心理和行为产生影响，使其接受有暗示作用的观点、意见或按暗示的方向去行动。

对此，拿破仑·希尔补充道："自我暗示是意识与潜意识之间互相沟通的桥梁。"通过自我暗示，可以使意识中最具力量的意念转化到潜意识里，成为潜意识的一部分。也就是说，我们可以通过有意识的自我暗示，将有益于成功的积极思想和感觉洒到潜意识的土壤里，并在成功过程中减少因考虑不周和疏忽大意等招致的破坏性后果，全力拼搏，不达目的不罢休。所以，如果你能够通过想象不断地进行自我暗示，就可能会成为一个杰出者。

潜能，存在于内心的巨大能量

潜能是生命的自然资源，有无形的一面，也有有形的一面；有整体性的，也有局部性的。无形的，如第六感、遥感等；有形的，如手捏、脚踢等；整体性的，如心的感知和情感能力、机体的整体反应；局部性的，如耳朵的特别听力、眼睛的特别视力等。

人身上有很多未被把握的东西，有大片的未知领域，人身上这种潜在的"钻石宝藏"，应该更广泛地引起人的注意和兴趣。潜能无处不在，浑然一体，我们对潜能的这种硬性区分只是对生命能量的某种把握罢了。笼统地看，诸如潜意识、特异功能、深度的心灵感知、生命直觉等都是生命潜能。人们亟待对人的常用器官进行潜能再开发，进一步发掘人的手脚身心和耳目头脑的天赋能力，让手伸得更长，脚跑得更快，心的感悟更灵敏，身体的反应更直觉，耳朵听得更清，眼睛看得更远，大脑的思维更接近天体的复杂，等等。

人的潜能是生命机体的超常部分，它们有神秘、卓越和可怕的能量。人需要持续不断地向未知潜能进发，以发现人类机体更多的功能器官和相关器官的综合功能。谁掌握了这些潜能或其中之一，谁的生命就能率先地进入超常境地，获得释放的感觉，也就充分地发掘了他的"钻石宝藏"。

人类的大脑是世界上最复杂也是效率最高的信息处理系统。别看它的重量只有1400克左右，其中却包含着100多亿个神经元，在这些神经元的周围还有1000多亿个胶质细胞。人脑的存储量大得惊人，在从出生到终老的漫长岁月中，我们的大脑能以每秒钟1000个信息单位的速率储存信息。

人脑不像机器那样使用久了会有磨损，而是越用越好用。就像有的人学外语，一旦掌握了一两门外语，再学另外一门外语就会容易许多。人的一生中，仅仅运用了大脑能力的1/10；也就是说，还有9/10的大脑潜能白白浪费了。而最新研究更进一步指出，以前人们对大脑的潜能估计太低，我们实际上根本没有运用大脑能力的1/10，甚至连1/100也不到。因而成功学大师安东尼·罗宾毫不夸张地说，人脑的潜能几乎是无穷无尽的。

人的潜能往往会爆发出惊人的力量来。

有这样一个实验，足以证明潜能的巨大力量：将一个体力平常的人催眠，然后把他的头和脚搁在两只椅子的边上，而身体悬空，这时让六七个人站在他身上，他竟然能支持得住。后来实验者在他的身上搁了一块木板，让一匹马站上去，他竟然也能支持得住。按照一个人常态下的体力水平，他绝不能支持1000多磅的重量，但是在催眠状态下，他竟然毫无困难地做到了。

那么，他能做到这样的事情，力量来自于哪里呢？当然不是来自于催眠家，催眠家的作用仅在于把被催眠者的力量从身体里激发出来。这力量不是来自外部，而是来自于他的身体内部，这便是潜伏在他身体里面的巨大潜能。

在你内心深处，有着无限的智慧、力量，以及你所需要的各种各样的"供应品"，这些都等着你去发掘、培养、发挥。

催发我们心中巨大潜能的钥匙是心态。如果我们怀有积极的心态，我们存在于内心的巨大潜能就会在任何时间、空间，提供给我们源源不断的力量，使我们产生新的思想和观念，能够有新的发明、新的发现，或写出新书和剧本，甚至可以把各种奇妙的知识，原原本本地传授给我们。潜能还可以指引我们，为我们打开道路，使我们在生活中能够完美地发展自己，并达到我们真正应该达到的水平。

在人的身体和心灵里面，有一种永不坠落、永不衰败、永不腐蚀的东西，它的力量一旦被唤醒，即便在最卑微的生命中，也能像酵母一样，对身心起发酵、净化作用，增强人的工作力量，这就是潜能。

潜能虽然无法看见，但是它的力量却极为广大。正确地运用潜能，你会找到每一种问题的解决方案，以及每一结果的原因。由于你可以吸取这些隐藏在你内心深处的力量，因此你完全可以在丰富、安全、愉悦和自主之中向前行进。

但许多人并不知道深入自己的意识内层，去开发那些供给身体力量的源泉，因此，他们的生命往往是枯燥而毫无生气的。如果你能深入到自己内心，就可以寻得生命的源泉。一旦饮得这生命的泉水，你就不会再感到口渴，生命从此也就有了活力，而这口生命之泉是可以取之不尽、用之不竭的。

由此可见，一个人一旦能对其内在的潜能加以有效地运用，他的生命便会爆发出巨大的能量。

描绘自己的心灵地图

"思维"这个词来自希腊文，最初是一个科学名词，目前多半用来指某种理论、典范或假说。不过广义而言，它是指我们看待外在世界的观点。我们的所见所闻并非直接来自感官，而是透过主观的了解、感受与诠释。

无论是面对自我，还是面对世界，每个人都有一定的思维方式。例如说，在人类的思想行为中，有"五大基本问题"：

1. 我是谁？
2. 我如何成为今天的我？
3. 为什么我会有这样的思考、感受和行动？
4. 我能改变吗？
5. 最重要的问题是——怎么做？

延续这五大问题，我们的心灵告诉我们该怎么去认识世界、进行自我行动。所以说思维对一个人的发展来说是至关重要的，它决定了我们对待自我、对待世界的态度。思维可以说是对于我们所能感知的世界的一个认知缩写——无论这个认知正确与否。

我们可以把思维比作地图。地图并不代表一个实际的地点，只是告诉我们有关地点的一些信息。思维也是这样，它不是实际的事物，而是对事物的诠释或理论。

很多人经常会遇到这样一种情况：到了一处陌生的地方，却发现带错了地图，结果寸步难行，感觉非常尴尬与无助。同样的道理，若想改正缺点，但着力点不对，你将徒然白费工夫，与初衷背道而驰。或许你并不在乎，因为你奉行"只问耕耘，不问收获"的人生哲学。但问题在于方向错误，"地图"不对，因此努力便等于浪费。唯有方向（地图）正确，努力才有意义。在这种情况下，只问耕耘，不问收获也才有可取之处。我们常常嘲笑"南辕北辙"的人，却不知自己也会在错误的心灵地图的带领下犯着同样的错误。

在前面我们已经说过，思维不仅面对世界，还面对自我，那么心灵地图大致上也可分为两大类：一个是关于现实世界的，这是我们的世界观；另一个是有关个人价值判断的，这是我们的价值观。我们以这些心灵的地图诠释所有的经验，但从不怀疑地图是否正确，有的人甚至不知道它们的存在。我们理所当然地以为，个人的所见所闻就是感官传来的信息，也就是外界的真实情况。我们的态度与行为又从我们的认知中衍生而来，所以说，世界观和价值观决定一个人的思想与行为。

　　自我是在不断发展的，世界也是在不断进步的，所以我们行动的世界观和价值观也应该不断地完善与进步，要随时随地来完善我们的心灵地图。

　　打个比方，现在无数的城市旧貌换新颜，尤其是近几年来发生了翻天覆地的变化，如果有人使用三年前的地图，恐怕已经找不到原来的道路，不知道如何才能找到目标了。地理如此，时空如此，何况人心呢？许多人，他们之所以感到困惑、挫折，甚至感到迷失了自我，就在于他们仍然使用着过去的"心灵地图"，仍然按照旧有的生活轨道在向前走，他们不知道这幅地图其实早已需要修改了。

　　其实，我们的思维从童年就已开始发展，经过长期的艰苦努力形成了一个认识自我和世界的自我思维方式，形成了一幅表面上看来十分有用的心灵地图。我们要按这幅地图去应对生活中的各种坎坷，寻找自己前进的道路。

　　但是未必有了心灵地图，我们就保证会有正确的行动。如果这幅地图画得很正确、也很准确，我们就知道自己在哪个位置上；如果我们打算去某个地方，就知道该怎么走。如果这幅图画得不对、不准确，我们就无法判断怎么做才正确，怎样决定才明智，我们的头脑就会被假象所蒙蔽，因为这幅图是虚假的、错误的，我们将不可避免地迷失方向。

　　我们不能一辈子就带着永远不变的"地图"，我们应该不断地描绘它、修改它，力求准确地反映客观现实。前人诗云："流水淘沙不暂停，前波未灭后波生。"我们必须要下功夫去观察客观现实，这样画出来的"地图"才能尽可能准确。但是，很多人过早地停止了描绘"地图"的工作，他们不再汲取新的信息，而自以为自己的"心灵地图"完美无缺。这些人是不幸的，而且是可怜的，所以他们多半有心理问题。只有幸运的少数人能自觉地探索现实，永远扩展、冶炼、筛选他们对世界的理解，他们的精神生活也因此而丰富多彩。所以，我们要不断地修改这幅反映现实世界的"心灵地图"，要不断地获取世界的新信息。如果新信息表明，原先的"地图"已经过时，需要重画，我们就要不畏修改"地图"的艰难，勇敢地进行自我更新。

心情的颜色会影响世界的颜色

有人把世界上的人分为两种：成功的人和失败的人。这两种人在本质上并没有什么区别，只是他们在日常生活中所拥有的心情不同，准确地说，是他们自己控制心情的能力有所不同。

很多人之所以能够成功，并不是因为他们在人生道路上是多么的一帆风顺，也不是因为他们的能力有多么的超群，而只是因为他们善于控制自己的心情，能在狂风暴雨中看到美丽的彩虹，甚至能在一败涂地中看到美好的将来，并时刻保持一种良好的心理状态，不为暂时的失败而沮丧。

相反，许多人之所以失败，也并不是真的像他们所说的那样缺少机会，或者是因为资历浅薄，甚至像某些人说的老天无眼，给自己的保佑不够多，原因仅仅是这种人不会控制自己的心情，任自己的情绪由着面前所发生的事情随意放纵。

总而言之，成败得失都在于两个字——心情。心情好，则事成；心情坏，则事败。

生活中的非理性因素实在是太多了，以至于我们常常会因为这些非理性的因素而控制不住自己的心情，导致发生了一些原本不该发生的事情。

经过分析，这些困扰人类多年的非理性因素主要有如下几种：嫉妒、愤怒、恐惧、抑郁、紧张，以及狂躁和猜疑。这些都是再平常不过的心理因素，但看似极其平常的心理因素，却往往可以决定一个人的成败得失。

这些心理因素的总和也被称为心态。

一位哲人曾经说过：心态是一个人真正的主人，要么你去驾驭生命，要么生命驾驭你，而你的心态将决定谁是坐骑，谁是骑师。

良好的心态可以实现更多的自我价值，相反，消极的心态则会妨碍自我价值的实现。

一个阳光的人，乐观开朗，那么他做事的态度就是很积极的，不管是在工作中还是在生活上，都能很好地完成任务，因此这类人在一定的时间里自我价值的实现也就相对比较多。自我价值实现得越多，自我肯定的成就感也就越多，这使得他能拥有好的心情，他的生活中将形成一个良性循环。

相反，一个消沉的人，只知道悲观、抑郁，整天愁眉苦脸地面对生活，不管做什么事情都不积极，甚至错误百出，那么他的自我价值就会实现得越来越少。自我否定的因素逐渐增加，就使他的心情更加消极抑郁，在他的生活中形成一个恶性循环。

因此有人说，积极的心态会创造阳光的人生，而消极的心态则让人生充满阴霾；积极的心态是成功的源泉，是生命的阳光和指路灯，而消极的心态是失败的开始，是生命的无形杀手。

曾经有两个人一起在沙漠的黑夜中行走，水壶中的水早就喝完了，两人又累又饿，体力渐渐不支了。在休息的时候，其中一个人问另一个人："现在你能看到什么？"

被问的那个人回答道："我现在似乎看到了死亡，似乎看到死神在一步一步地靠近。"

不过发问的这个人却微微一笑说："我现在看到的是满天的星星和我的妻子、儿女等待我回家的脸庞。"

最后，那个说看到死亡的人真的死了，就在快要走出沙漠的时候，他用刀子匆匆结束了自己的生命；而另一个说看见星星和自己妻子、儿女脸庞的人，靠着星星的方位指示成功地走出了沙漠，并成为人们心目中的英雄。

其实这两个人并没有根本的区别，仅仅是当时各自的心态有所不同，但他们最后却演绎了两种截然不同的命运。因此一个人的心情往往会关系到一个人的命运，要想时刻都过得愉快，你就得让自己的心情永远都在你的掌控之中。要知道，你拥有什么样的心情，世界就会向你呈现什么样的颜色。

第二章

心态决定命运

自我期待，让梦想成真的"皮格马利翁"效应

古希腊有一则寓言：一个塞浦路斯雕刻师，名字叫作皮格马利翁。他倾注了毕生的心血，废寝忘食、夜以继日地工作，用象牙雕刻了一尊爱神雕像。

这尊雕像经过他的艰辛雕琢，显得形神兼备、超凡脱俗。他爱上了这尊雕像，逐渐相思成疾、憔悴不堪，最终奄奄一息。

最后，他一再恳求维纳斯给这尊雕像以生命，维纳斯为他的痴迷所感动，终于答应了他的请求。他如愿以偿，和有了生命的雕像结了婚。

皮格马利翁的故事一直被人们传诵至今，足见其对后人生活态度的影响之深。心理学家还从这个故事中演绎出一个新的名词：皮格马利翁效应。在自我塑造的过程中，每个人都是自己的"皮格马利翁"，而在塑造的心理动机上，自我期待起了关键的推动作用。

心理学家认为：自我期待是自我塑造的根本源泉。一个人必须有所期待，才会在实际行动中对自己进行塑造。一旦这种期待消失了，自我塑造也就不复存在了。

自我塑造，犹如生命美丽的翅膀。海伦说："当你感到塑造自己的力量推动你去翱翔时，你是不应该爬行的。"

自我期待是一种无形但巨大的力量，它推动人们不断地塑造、完善自我。存在主义哲学家萨特说："你想成为什么，你就会成为什么。"

有这样一则故事：20世纪40年代，美国费城的一个深夜，有一家酒店

人生是一种态度

突然起火。当时258名旅客中多数正在酣睡，那些还没有睡的人们，看到旅馆所有的房间已被滚滚浓烟笼罩，就拨打了火警电话，然后一边救火，一边等着火警救援。尽管消防队员赶来了，但求生的本能还是使许多人开窗从高楼跳下，一个个躯体直挺挺地砸在人行道上，发出恐怖而沉闷的响声，然后归于寂静。

这时，有一个姑娘和跳下楼的游客一样，也站在7楼的一个窗口准备往下跳，她的背后熊熊的火光正在燃烧。只见她镇静地看了看窗下，大声高喊着："我希望活着，我希望活着！"然后纵身跃下……

奇迹发生了，她成了几百人中唯一一名幸存者。而且这个姑娘空中跃下的惊人一瞬被过路的大学者阿诺德抓拍了下来，定格在历史写真的胶片里，供更多活着的人们回味……

那个幸运的姑娘也许并不知道什么是自我期待，什么是皮格马利翁效应，但她在关键时刻却用它救了自己的生命。

自我期待的作用是巨大的，很多人在关键时候往往是通过一种强烈的欲望催发成功的心态，使问题迎刃而解的。

有一位学习优秀的高中生，他的梦想是考上万众瞩目的清华大学。他虽然知道梦想的遥远，但同时，他总在内心告诉自己一定能实现。他的方法是每天在清晨醒来时对自己说："今天要为清华的生活努力学习。"而晚间入眠时则告诉自己说："真好，今天为上清华的梦想做了许多努力。"

就是靠着一种不可思议的信念，这名高中生从普通到优秀，再到终于实现了"清华梦"。这中间起作用的就是自我期待，而且至关重要的是梦想作用。我们希望，每个人都可以成为自己的皮格马利翁。

走进过美国航天基地的人，会看到一根大圆柱上镌刻着这样的文字："If you can dream it, you can do it."这句话可译为："如果你能想到，你就一定能做到。"要知道，心有多大，梦想就有多大，梦想有多大，成就就有多大。

有效的自我激励：
让你在任何情况下都不会被打倒

自我激励就是给自己打气，鼓励自己。我们自小就被教育要争气，在逆境中要奋起，而支持"崛起"的信念则来自于自我激励。

当我们遇到不顺心的事时，一定要告诉自己：一切都会过去的，这没有什么大不了的。相信自己通过努力可以改变目前的状态，这是一种神奇的力量，来自于心的力量，也是情商的重要内容之一。

自我激励可以分为两种：一种是外部激励，借助于外物给予自己胜利的信念和希望；一种是内部激励，就是在内心始终存在乐观积极的心态，无论遇到什么样的困境都不动摇。

关于外部激励，我们可以通过一个小故事得到一些启发：

一位弹奏三弦琴的盲人，渴望在有生之年看看世界，但是遍访名医，都说没有办法。有一日，这位盲人碰见一个道士，道士对他说："我给你一个保证能治好眼睛的药方，不过，你得弹断一千根弦，方可打开这张药方。在这之前，它是不会生效的。"

于是这位琴师带了一个同样双目失明的小徒弟游走四方，尽心尽意地以弹唱为生。一年又一年过去了，在他弹断了第一千根弦的时候，这位民间艺人迫不及待地将那张一直藏在怀里的药方拿了出来，请明眼的人代他看看上面写着的是什么药材，好医治他的眼睛。

明眼人接过药方一看，说："这是一张白纸嘛，并没有写一个字。"那位琴师听了，潸然泪下，突然明白了道士那"一千根弦"背后的意义。就是这一个"希望"，支撑他尽情地弹下去，漫长的53年，他就如此充满希望地活了下来。

这位老了的盲眼艺人，没有把这故事的真相告诉他的徒弟。他将这张白纸郑重地交给了他同样也渴望能够看见光明的弟子，对他说："我这里有一张保证能治好你眼睛的药方，不过，你得弹断一千根弦才能打开这张纸。现在你可以去收徒弟了，去吧，去游走四方，尽情地弹唱，直到那一千根琴弦弹断，就有了答案。"

人生是一种态度

那位盲人正是借助了外部激励的力量,将希望传达于内心。希望是人生的方向,是人们心中一盏不灭的明灯,是我们前进的动力。面对恐惧时,希望使人从容淡定;面对挫折危险时,希望让人获得巨大的能量。

大凡成就一番事业的人物都是善于内部激励的人,面对困境,他们表现出很高的逆境情商。而逆境情商是情商中特别重要的内容,这在许多出色的人身上都有所体现,和田一夫便是其中著名的一位。

"八佰伴"曾经是日本最大的零售集团。总裁和田一夫经过长达半个世纪的苦心经营,将一家小蔬菜店发展成为在世界各地拥有400家百货店和超市,员工总数达2.8万人,年销售额突破5000亿日元的国际零售集团。1997年,正当他努力开拓中国市场之际,留在日本总部坐镇的弟弟因经营不慎,使得整个集团遭遇重大挫折,最后不得不宣布破产。

从国际大集团总裁到一文不名的穷光蛋,从住寸土寸金的深院豪宅到租住一室一厅的公寓,从乘坐劳斯莱斯专车到自己买票乘坐公共汽车……这对于已经68岁的和田一夫而言,无异于是从天堂跌到了地狱。

一时之间,舆论哗然,众说纷纭。有人说他肯定爬不起来了,只能在穷困潦倒中悄悄地了此残生;有人甚至猜测,他应该会自杀,就像很多在一夜之间破产的人一样。然而事实出乎所有人的意料,和田一夫没有一蹶不振,更没有懦弱地选择自杀,反而抖擞精神重新"复活"了。他从经营顾问公司迈开第一步,后来又和几个年轻人合作,开办了网络咨询公司。虽然进入的是陌生领域,但凭借努力和过去的经验教训,他的生意一步步红火起来。

很多人对他在人生如此的大起大落面前仍然能反败为胜、东山再起表示敬佩之余也十分好奇,认为他一定有什么"秘密武器"。对此,他的回答是,如果说有秘诀,那就是自我激励。他又解释说,是不断的自我激励使他能做到即使面对巨大失败也没有失去希望,即使处在事业的低潮和人生的谷底也仍然相信有光明的前途。在这种信念的支撑下,他才有决心重新上路。

和田一夫有一套独特的自我激励方法,那就是他多年来一直坚持的"心灵训练"。他曾说:"如果想真正获得人生幸福,就需要有'没关系,一切都会好起来的'这种豁达的想法。"这种心灵的训练是很有必要的。从他涉足商场起,他就一直坚持写"光明日记",记录每天让他感到快乐的事。和田一夫说:"如果想使自己的命运得以好转,就必须不断地用积极向上的语言来鼓励自己，并使自己保持开朗的心情。这是非常重要的。"

除了"光明日记"外，和田一夫还独创了"快乐例会"。即在每月的工作例会中，和田一夫规定：在开会前每个人要用3分钟的时间，从这个月发生的事情中找出3件快乐的事情告诉大家。"刚开始的时候，大家很难找出3件快乐的事。后来，养成习惯后，别说3件，人人都想发表10件快乐的事。每月这样延续下来，公司里人人都逐渐露出笑脸。"和田一夫对自己的成绩很自豪，这种别开生面的方式，的确有效地调动了员工的乐观情绪。

许多不成功的人不是没有成功的能力与潜质，而是他们在思想上根本不想成功。因为他们在受到羞辱时除了暗自神伤、叹息命运不济外，从未意识到要给自己打气，他们习惯处于劣势，久而久之真的只有失败与之为伍。

也有一些人并不是不懂得给自己一点激励，而是很快就把对自己的承诺抛在脑后，未能认真地去实现当时的目标。所以他们也只会失败。

自我激励其实就是给内心找一个希望，给行动找一种信念的动力。能够自我激励的人，在何种情况下都不会被打倒，即使暂时失败了，他们也能够重新找到成功的信念，再次登上成功的顶峰。

目标的高度决定人生的高度

一个人如果失去了目标，就失去了方向，就会成为在原地徘徊的庸人。

人生的目标有大小之分，有人说目标向上看是信仰，向下看是意识；向远看是志向，向近看是计划；向外看是抱负，向内看是责任。这就是说，任何伟大的目标，没有植入你的内心或没有成为切实可行的计划及责任之前，都是一种空想，只能画饼充饥，毫无现实意义。只有靠切实的行动，才能实现自己的目标。

人生中最大的目标可以说是理想。积极的人，必然有远大的理想。理想是对未来的追求，是远方的诱惑，它给人战无不胜的力量，所以有人说，理想是人生的太阳。

著名诗人流沙河曾这样描写理想：

理想使忠诚者常遭不幸，

理想使不幸者绝路逢生。
平凡的人因有理想而伟大，
有理想者就是一个"大写的人"。
……

一个拥有远大理想的人，通常也会拥有执着的心态和行动。他不会为了一时的安逸而不思进取，甚至放弃自己的远大目标。他们的手中，都会有一架望远镜，用来眺望人生的最前方。

拥有目标的人总比消极待事者更具爆发力，更能创造出好的成绩。

目标是人们经过深入思考后获得的一种美好的愿望，它具有坚定性和稳定性，一旦形成，很难改变。因此，目标能使人迸发出生命的潜力，使人能忍受身心的折磨和痛苦，使人爆发出巨大的勇气和能量。

有两位同是年届70的老太太，一位认为这个年纪已是"古来稀"了，于是开始料理后事，不久就告别人世了。而另一位却不在乎自己的年龄，她要做自己喜欢的事，于是她制订了一个学习登山的计划，冒险攀登高山，先后登上了几座世界名山，在她95岁高龄时，她竟然登上了日本的富士山，打破了登此山的最高年龄纪录。她就是全美鼎鼎有名的胡达·克鲁斯老太太。

不同的目标促使人产生不同的心态，不同的情绪会导致人做出不同的行为。所以建立正确的、强烈的目标会使你的人生充实而有意义。

每个人给自己的人生赋予的色彩是丰富多彩的，还是暗淡无光的，全看你制订了什么样的目标。可见，目标对个性的发展具有决定性的作用。

有一种有趣的现象，那就是运动员在竞争激烈时的表现，通常比平时训练要好得多，这是体育比赛已证实的。高尔夫选手、网球运动员、足球运动员、拳击选手都具有一种趋势，他们在普通比赛时惯于虚度光阴，这就是为什么体育世界中有许多"轻微的病"。如果是真正的竞争，你就得设定伟大的目标，它刺激你，使你尽最大的努力。当你处于最佳状态，尽最大努力时，晚上躺在床上你才能对自己说："今天我尽了最大的努力了。"然后很满足地睡去。只要你找到伟大的目标，就不会到头来仅得到少数无价值的事物，远大的目标会激发你全身的荷尔蒙，让你充满兴奋。如果生命充满了伟大与刺激，你就会更有干劲。

你对生命的看法，大体决定了你能从生命中得到什么。取一块铁条，将它制成门的制动器，它就值 1 美元；用来制作马掌，它就值 50 美元；将它精炼成优良的钢，并且用来制造钟表的主发条，它就值 20000 美元。

看待铁条的方式不同，它最终的价值就会不同。同理，你对未来的不同看法也会使你拥有不同的未来，产生不同的结果。不管你是一个美容师、家庭主妇、运动员，还是学生、推销员或商人，你都应该有一个伟大的目标。而布克·华盛顿说："人以达到目标所克服的障碍之大小，来衡量其成就的大小。"

积极者拥有远大的目标，它就像一个望远镜一样，让你看向更远处的美丽风景，而不是只局限于眼前的狭小天地。

挣脱"自我设限"

科学家做过一个实验：科学家把跳蚤放在桌子上，然后一拍桌子，跳蚤会因条件反射跳起来，并跳得很高。然后科学家在桌子的上方放一个玻璃罩后，再拍桌子，跳蚤再跳就撞到了玻璃。跳蚤发现有障碍，就开始调整自己的高度。然后科学家再把玻璃罩往下压，然后再拍桌子。跳蚤再跳上去，再撞上去，再调整高度。就这样，科学家不断地调整玻璃罩的高度，跳蚤就不断地撞上去，不断地调整高度。直到玻璃罩与桌子高度几乎相平。这时，把玻璃罩拿开，再拍桌子，这时跳蚤已经不会跳了——跳蚤变成了"爬蚤"。

跳蚤之所以变成"爬蚤"，并非是它已丧失了跳跃能力，而是由于它一次次受挫学乖了。它为自己设了一个限，认为自己永远也跳不出去，而后来尽管玻璃罩已经不存在了，但玻璃罩已经"罩"在它的心上，变得根深蒂固。行动的欲望和潜能被固定的心态扼杀了，因此它认为自己永远丧失了跳跃的能力。这也就是我们所说的"自我设限"。

现实生活中，很多人的遭遇与此极为相似。在成长的过程中特别是幼年时期，遭受过外界（包括家庭）太多的批评、打击和挫折，于是奋发向上的热情、欲望变成了"自我设限"的观念。

自我设限会使人既对失败惶恐不安，又对失败习以为常，会使人丧失信心和勇气，渐渐形成懦弱、狐疑、狭隘、自卑、孤僻、害怕承担责任、不思进取、不敢拼搏的精神状态。

　　人生在世，挫折和失败总是在所难免，可是多数人一遇到失败，就会变得心灰意冷，"一朝被蛇咬，十年怕井绳"，这就是自我设限的表现。而自我设限又会引起各种退行和消极的感情反应。所谓退行是指一个人的行为和年龄相反，成人退化到小孩子的状态，外部环境导致他作不出正确的判断。

　　能否挣脱自我设限，关键在自己。西方有句谚语说得好："上帝只拯救能够自救的人。"成功属于愿意成功的人。如果你不想去突破，不努力挣脱固有想法对你的限制，那么，没有任何人可以帮助你。不论你过去怎样，只要你调整心态、明确目标，乐观积极地去行动，那么你就能够扭转劣势，更好地成长。

　　丹尼斯加入某保险公司快一年了，他始终忘不了工作第一天打的第一个电话。当他热情地拨通电话，联络自己的第一个客户时，没想到他刚说明了自己的身份，对方就非常生硬地打断了他的话，不但拒绝了他的推销，更是将他骂了一顿，声称自己身体很好，不需要什么保险。从那以后，再打电话推销时，丹尼斯心中便有了阴影，说话没有任何立场，讲解吞吞吐吐，自然更没有人愿意向他买保险。这片阴影越来越大，他甚至不愿意再去摸电话。工作已经有近一年的时间，他却一份保单都没有签成。他开始想，自己或许并不适合这份工作，自己的口才不好，没有打动别人的能力，他灰心极了。经理鼓励他说："要自己给自己机会，没有谁生来就注定成功，也没有人会一直失败。"听了经理的话，丹尼斯深受激励，他鼓足勇气，决定搏一搏。他找出一个曾经联系过却被拒绝的客户的资料，仔细研究他的需要，选择了一份适合他的险种。一切准备妥当后，他拨通了对方的电话。他的自信和真诚征服了那个客户，对方买下了他推销的保险。丹尼斯终于打破了自我设限，尝到了成功的滋味。

　　不要让外界的不利因素束缚了你的头脑，要相信自我的能力。

　　美国最富影响力的总统之一罗斯福说："不经过你的同意，没有人可以让你觉得你低人一等。"如果你觉得低人一等，那是你自己决定的，你本来并非如此。人们常常会把过去作为依据，今年想赚多少钱的根据是去年赚了多少钱，今年想做些什么事情的根据是去年所做的事情。为什么要看去年，而不是看今年呢？

　　自我设限把我们放在一个不属于我们能力的低水平上，要相信上帝并没有把我们放在那里，我们应该远远高于那个水平。

学会心理调控

人的一生不可能总是一帆风顺，在遇到挫折和失败时，适当的心理调控可以帮助我们战胜它们。

杰克逊是一位犹太裔心理学家，第二次世界大战期间，他和全家人都被关押在纳粹集中营里，而且受尽了折磨。没多久，家人不堪忍受纳粹的残酷折磨纷纷离他而去，只留下一个妹妹和他相依为命。当时，他的处境也十分艰难，随时都面临着死亡的威胁。

刚开始的时候他痛苦不堪，难以忍受。后来有一天，他忽然悟出了一个道理：就客观环境而言，我受制于人，没有任何自由；可是，我的自我意识是独立的，我可以自由地决定外界刺激对自己的影响程度。他认为自己完全有选择如何做出反应的自由与能力。

于是，他靠着各种各样的记忆、想象与期盼不断地充实自己的生活和心灵，不断磨炼自己的意志，让自由的心灵超越了纳粹的禁锢，看到了生命的希望。他的这种行为和手段也影响了其他狱友，他们之间相互鼓励，一直到战争结束，最后，他们终于重见天日。

杰克逊后来这样写道：

每个人都有自己的特殊工作和使命，他人是无法取代的。生命只有一次，不可重复。所以，实现人生目标的机会也只有一次……归根到底，其实不是你询问生命的意义何在，而是生命正在向你提出质疑，它要求你回答：你存在的意义何在？你只有对自己的生命负责，才能理直气壮地回答这一问题。

在杰克逊生命中最痛苦、最危难的时刻，在他精神行将崩溃的临界点，他靠自己的顿悟，不仅挽救了他自己，而且还挽救了许多与他患难与共的生命。其关键在于他能通过成功的心理调控，战胜自我，战胜环境，安然渡过心理危机。

在日常生活中，当你面临困境时，学会心理调控至关重要。冷静地处理心理压力不是难事，那些在绝境中不惊不慌、保持冷静的人并非天生就有这份能耐，他们也都是在生活中逐渐学会的。每一个人也可从中学到减轻压力的自我心理调节方法。

人生是一种态度

1. 找到控制压力反应的方法

生活中的压力可能并非来源于我们所陷入的生活困境，而是来源于我们对这些生活经历所采取的反应。你无法控制生活降临于你头上的打击，但你却能控制自己对待这一打击的态度。所以，在面临心理压力时，你一定要做到：不要让压力占据你的头脑。保持乐观是控制心理压力的关键，我们应将挫折视为鞭策我们前进的动力，不要养成消极的思考习惯，遇事要多往好处想，洞察你自己的心声。许多人对一些情形已形成条件反射，不假思索就做出反应。我们应多聆听自己的心声，给自己留一点时间，平心静气地想一想，努力在消极情绪中加入一些积极的思考。

2. 尝试创造一种内心的平衡感

心理学家认为，保持冷静是防止心理失控的最佳方法。而每天早晨或晚上进行20分钟的盘腿静坐或自我放松术，就能创造一种内心平衡感。这种屏除杂念的静坐冥想能降低血压，减少焦虑感。有一项研究表明，过度焦虑烦躁的人每天花10分钟静坐，集中注意数心跳，能使自己心跳的速度逐渐变得缓慢。10个星期后，他们的心理紧张均有一定程度的减轻。此外，按摩对减轻压力感也非常有效。

3. 懂得平衡你的生活

生活中，经常听见许多人抱怨：时间老是不够用，事情老也干不完。这种焦虑和受压感对许多人来说已成为他们生活的一部分。实际上，那些为工作或生活疲于奔命的人，并不懂得生活的真正含义。要平衡自己的生活，就应尝试换个角度想问题，抽空去想一想或回味一下那些令自己快乐的事情。你为琐事而紧张不安、忧心忡忡是无济于事的，你应想个办法来解决这一问题。一个行之有效的方法是把一切都写下来。每天早起10分钟，把自己的感受写满3页16开的纸，事后不要修改，也无须再重读。过一段时间，当你把自己的烦恼都表达出来之后，你会发现自己的头脑变得更为清楚了，也能更好地处理这些问题了。这种自我交谈的方法能帮助你解决许多问题。

其实，在我们走向成功的道路上，也会面临大大小小的心理压力，我们都应该通过成功的心理调控去掌握自我，战胜自我，迎接前面更为绚丽的风景，让人生处处充满阳光。

接受自己，迎接阳光

对所有人来说，正确评价自己、接受自己至关重要。一个人如果连自己都无法接受，那就根本谈不上喜欢自己，以及正确地评价自己。

不接受自己的人，常常心情郁闷，对生活中的一切都没兴趣；他认为自己思想怪诞，怀疑自己患有某种精神病；他还常常会抱怨周围的亲友、同事、邻居不能理解他。实际上，他没得任何精神病，问题在于他不能接受自己，因而影响到他对别人的认识，并进而产生其他方面的困难。

只有接受自己，才能建立正确的自我观念，才能适应环境，促使性格健康发展。接受自己，去除自卑感，是让一个人能够迎接阳光的重要保证。

在这个世界上没有十全十美的东西，也不存在完人。但在认识自我、看待别人的具体问题上，许多人仍然习惯于追求完美，求全责备，对自己要求样样都好，对别人也往往是全面衡量。

人是可以认识自己、操纵自己的，人的自信不仅在于相信自己有能力有价值，同时也在于相信自己有缺点毛病。我们放弃了完美，就会明白我们每个人的两重性是不可改变的。所以，我们应当保持这样一种心态和感觉，要知道自己的长处、优点，也要知道自己的短处、缺点，知道自己的潜能和心愿，也知道自己的困难和局限，自己永远具有灵与肉、好与坏、真与伪、友好与孤独、坚定与灵活等多方面的两重性。

自我容纳的人，能够实事求是地看自己，也能正确理解和看待别人的两重性，这样就可以抛弃骄傲自大、清高孤僻、鲁莽草率之类导致失败的弱点。我们以这种自我肯定、自我容纳的观念意识付诸行动，就能从自身条件不足和所处的环境不利的局限中解脱出来。

任何人都有缺点和弱点，任何人也都是无知无能的，只不过表现在不同的事情上而已。因而，人人在自我表现和与人交往中都难免有笨拙的表现。有些人由于不能实事求是地对待自己的缺点，不能拿出勇气去革新自己、突破自己，所以，他们情愿不做事、不讲话、不玩乐交际，也不愿意在别人面前暴露自己的弱点。如在灯火绚丽、乐曲悠扬的宴会厅里，他们很想站起来跳舞，可是因为怕别人笑话自己笨拙，就宁愿做一晚上的看客。跳得好的人越多，他们就越鼓不起勇气。

美国著名的管理学家彼得·德鲁克在《有效的管理者》一书中写道：倘要所有的人没有短处，其结果最多是一个平庸的组织。所谓"样样都是"，必然"一无是处"。才干越高的人，其缺点往往也很明显——有高峰必有深谷。

谁也不可能是完人，与人类现有的博大的知识、经验、能力的汇集总和相比，任何伟大的天才都不及格。一位经营者如果只能见人之所短而不能见人之所长，从而刻意于挑其短而不着眼于其长，那么这个经营者本身就是弱者。我们必须不断提高和完善自己，必须学会自我肯定、自我接受，才能正确地认识自我价值。

那么，怎样才能增进自我接受感呢？

首先，要克服完美主义。这个世界并不完美，所以，我们应当"知足常乐"。要容忍体谅，不但要与他人和睦相处，还要做到不苛求自己。不要做时钟的奴隶，记住"欲速则不达"，但要尽可能地在时间限制内完成工作。你还要明白，讨好所有的人是不可能的。"受欢迎"的本意是使他人赏识你本人，而不是你一味追求"最好表现"。尝试一下"言所欲言"，坦诚和直率能消除许多障碍与心理压力。要对自己有信心，你和任何人一样有可取之处。勿过分自责，任何人都有彷徨的时刻；勿自卑自怜，你的遭遇并不重要，你对遭遇的反应才是最重要的。

其次，要做到真正了解自己。自知者明，自胜者勇。你可以通过比较法（与同龄、同条件的人相比较）、观察法（看别人对自己的态度）、分析法（剖析自己，了解自己的工作成果）等方法来认识、了解自己。

再次，要树立符合自身情况的奋斗目标。这样你才有机会充分发挥自己的才智，才能有效地增加自己的自信心。

最后，要不断扩大自己的生活经验。每个人都要经历适应环境的过程。在这一过程中你也许发挥了才干，也许暴露了缺陷，这没关系，正反两方面的经验都将促进你对自己的了解。

最重要的是诚实坦率、平心静气地分析自己。要有勇气承认自己在能力或品质上的缺陷；要肯定自己的长处，扬长避短；要肯定自己的生活方式，并能够接受事业上的打击。只要你能做到以上的几点，你就能增强自我接受感。

积极自我暗示，重塑成功形象

积极的自我暗示，是对某种事物的有力、积极的叙述，这是一种使我们正在想象的事物坚定和持久的表达方式。进行肯定的练习，能让我们开始用一些更积极的思想和概念来替代我们过去陈旧的、否定性的思维模式，这是一种强有力的技巧，一种能在短时间内改变我们对生活的态度和期望的技巧。

约翰·伍登在自己40年的教练生涯中，他所带领的高中和大学球队获胜的概率在80%以上，在全美12年的篮球年赛当中，他所带领的球队曾替加州大学洛杉矶分校赢得10次全国总冠军。如此辉煌的成绩，使伍登成为大家公认的有史以来最称职的篮球教练之一。

曾经有记者问他："伍登教练，请问你如何保持积极的心态？"

伍登很愉快地回答："每天在睡觉以前，我都会提起精神告诉自己：我今天的表现非常好，而且明天的表现会更好。"

"只有这么简短的一句话吗？"记者有些不敢相信。

伍登惊讶地问道："简短的一句话？这句话我可是坚持了20年！重点和简短与否没关系，关键是在于你有没有坚持去做，如果无法持之以恒，就算是长篇大论也没有帮助。"

伍登教练不仅在工作中时刻保持积极的心态，在生活中他也是一个积极乐观的人。例如有一次他与朋友开车到市中心，面对拥挤的车潮，朋友感到非常不满，继而频频抱怨，但伍登却欣喜地说："这真是个热闹的城市。"

朋友好奇地问："为什么你的想法总是异于常人？"

伍登回答说："一点都不奇怪，我总是用心寻找积极的一面，不管是悲是喜，我的生活中永远都充满机会，这些机会的出现不会因为我的悲或喜而改变。只要不断地让自己保持积极的心态，我就可以掌握机会，激发更多的潜在力量。"

积极的心态能够催人上进，激发人潜在的力量。时刻鼓励自己，给自己积极的暗示，有助于我们走出困境，保持积极进取的精神。

自我暗示有很多种方法：可以默不作声地进行，也可以大声地说出来，还可以在纸上写下来，更可以歌唱或吟诵，每天只要进行10分钟有效的练习，就能抵消我们许多年的思想习惯。但归根到底，都是一种积极的心态在起作用。我们经常性地意识到我们正在告诉自己的一切，选择积极的语言和概念，就能够很容易地创造出一个积极的现实。

摩拉里在很小的时候，就梦想站在奥运会的领奖台上，成为世界冠军。

1984年，一个机会出现了，他成了全世界最优秀的游泳者之一，但在洛杉矶的奥运会上，他却只拿了亚军，梦想并没有实现。

他没有放弃希望，仍然每天在游泳池里刻苦训练。这一次目标是1988年韩国汉城奥运会金牌，但他的梦想在奥运预选赛时就烟消云散，他竟然被淘汰了。

带着失败的不甘，他离开了游泳池，将梦想埋于心底，跑去康乃尔念律师学校。有三年的时间，他很少游泳。可是他心中始终有股烈焰，他无法抑制这份渴望。

离1992年夏季赛前不到一年的时间，他决定再孤注一掷。在这项属于年轻人的游泳比赛中，他算是高龄选手了，就像拿着枪矛戳风车的现代堂吉诃德，想赢得百米蝶泳的想法简直愚不可及。

这一时期，他又经历了种种磨难，但他没有退缩，不停地告诉自己："我能行。"结果，在不停地自我暗示下，他终于站在世界泳坛的前沿，不仅成为美国代表队成员，还赢得了初赛。

他的初赛成绩比世界纪录只慢了一秒多，奇迹的产生离他仅有一步之遥。

决赛之前，他在心中仔细规划着比赛的赛程，在想象中，他将比赛预演了一遍。他相信最后的胜利一定属于自己。

比赛如他所预想的，他真的站在领奖台上，星条旗冉冉上升，美国国歌响起，他颈上挂上了梦想多年的奥运金牌。

摩拉里没有被消极思想所打败，在艰苦的环境中，他不断地进行积极的自我暗示，终于打破常规，获得了奇迹般的胜利。

自我暗示是世界上最神奇的力量，积极的自我暗示往往能唤醒人的潜在能量，将他提升到人生更高的境界。

自我暗示对于我们的生活如此重要，几乎是无时不在的魔术。因此，每天清晨不妨先告诉自己今天会有个好心情；每当有重大选择和决定的时候，暗示自己：我的选择和决策是明智的。选择积极的自我暗示，等于选择幸福生活，选择与成功人生为伴，它会带来魔术般的奇迹。

第三章
积极心态缔造积极结果

PMA 黄金定律：走向成功的黄金法则

　　PMA 黄金定律是积极心态的缩写——Positive Mental Attitude。它是成功学大师拿破仑·希尔数十年研究中最重要的发现，他认为之所以人与人之间会有成功与失败的巨大反差，心态起了很大的作用。积极的心态是人人都可以学到的，无论他原来的处境以及他自身的气质与智力怎样。

　　拿破仑·希尔还认为，我们每个人都佩戴着隐形护身符，护身符的一面刻着PMA（积极的心态），一面刻着NMA（消极的心态）。PMA可以创造成功、快乐，使人到达辉煌的人生顶峰；而NMA则会使人终生陷在悲观沮丧的谷底，即使人爬到巅峰，也会被它拖下来。最根本之处在于：这个世界上没有任何人能够改变你，只有你能改变你自己；没有任何人能够打败你，能打败你的也只有你自己。

　　很多人都认为是环境决定了他们的人生位置，这些人常说他们的想法无法改变。但实际上，我们的境况不是单纯由周围环境造成的。说到底，如何看待人生，由我们自己决定。

　　只要人活在这个世界上，各种问题、矛盾和困难就不可能避免，拥有积极心态的人能以乐观进取的精神去积极应对，而被消极心态支配的人则悲观颓废，他们在逃避问题和困难的同时也逃避了人生的责任。

　　对于 PMA 的阐述，拿破仑·希尔是这样认为的：

人生是一种态度

1. 言行举止像自己希望成为的人

许多人总是要等到自己有了一种积极的感受再去付诸行动，这些人是在本末倒置。心态是紧跟行动的，如果一个人从只想被动地等待着感觉把自己带向行动，那他就永远成不了他想做的积极心态者。

2. 要心怀必胜、积极的想法

谁想收获成功的人生，谁就要当个好"农民"。我们绝不能播下几粒积极乐观的种子，然后指望不劳而获，我们必须不断给这些种子浇水，给幼苗培土施肥。要是疏忽这些，消极心态的野草就会丛生，夺去土壤的养分，甚至让"庄稼"枯死。

3. 用美好的感觉、信心和目标去影响别人

随着你的行动与心态日渐积极，你就会慢慢获得一种美满人生的感觉，信心日增，人生中的目标感也会越来越强烈。紧接着，别人会被你吸引，因为人们总是喜欢和积极乐观者在一起。

4. 使你遇到的每一个人都感到自己很重要、被需要

每一个人都有一种欲望，即感觉到自己的重要性，以及别人对他的需要与感激，这是普通人的自我意识的核心。如果你能满足别人心中的这一欲望，他们就会对自己，也对你抱有积极的态度，一种你好我好大家好的局面就形成了。

5. 心存感激

如果你常流泪，你就看不到星光。对人生、对大自然的一切美好的东西，我们要心存感激，这样的话，人生会显得美好许多。

6. 学会称赞别人

在人与人的交往中，适当地赞美对方，会增加和谐、温暖和美好的感情。你存在的价值也就会被肯定，使你得到一种成就感。

7. 学会微笑

面对一个微笑的人，你会感到他的自信、友好，同时这种自信和友好也会感染你，使你的自信和友好也油然而生，并使你和对方亲近起来。

8. 到处寻找最佳新观念

有些人认为，只有天才才会有好主意。事实上，要找到好主意，靠的是态度，而不全是能力。一个思想开放、有创造性的人，哪里有好主意，就往哪里去。

9. 放弃鸡毛蒜皮的小事

有积极心态的人不会把时间和精力花费在小事上，因为他们知道小事会使他们偏离主要目标和重要事项。

10. 培养一种奉献的精神

曾任通用面粉公司董事长的哈里·布利斯曾这样忠告属下的推销员："谁尽力帮助其他人活得更愉快、更潇洒，谁就达到了推销术的最高境界。"

11. 自信能让人做好想做的事

永远也不要消极地认定什么事情是不可能的，首先你要认为你能，再去尝试，不断尝试，最后你就会发现你确实能。

或许你无法选择出身、天赋、环境，但你可以选择态度，可以用积极的心态去面对自己的人生，面对这个纷繁复杂的世界。

马尔比·D.马布科克说："最常见同时也是代价最高昂的一个错误，是认为成功有赖于某种天才、某种魔力、某些我们不具备的东西。"其实并非如此，成功的要素其实掌握在我们自己的手中。成功是运用PMA的结果。一个人能飞多高，并非由人的其他因素所决定，而是由他自己的心态所制约。

当然，有了PMA并不能保证事事成功，但积极地运用PMA可以改善我们的日常生活。在PMA的帮助下，我们能够给自己创造一个良好的心灵空间，导引成功之路；而一味沉浸于NMA的人却一定不能成功。拿破仑·希尔说："从来没有见过持消极心态的人能够取得持续的成功。即使他们碰运气能取得暂时的成功，那也是昙花一现、转瞬即逝。"

不可能？不，可能！

古代波斯（今伊朗）有位国王，想挑选一名官员担当一个重要的职务。

他把那些智勇双全的官员全都召集来，想试试他们之中究竟谁能胜任。

官员们被国王领到一座大门前。面对这座国内最大的、来人中谁也没有见过的大门，国王说："爱卿们，你们都是既聪明又有力气的人。现在，你们已经看到，这是我国最大最重的大门，可是一直没有打开过。你们中谁能打开这座大门，帮我解决这个久久没能解决的难题？"

人生是一种态度

不少官员远远地望了一下大门，就连连摇头。有几位走近大门看了看，退了回去，没敢去试着开门。另一些官员也都纷纷表示，没有办法开门。

这时，有一名官员走到大门下，先仔细观察了一番，又用手四处探摸，用各种方法试探开门。几经试探之后，他抓起一根沉重的铁链子，没怎么用力拉，大门竟然开了！

原来，这座看似非常坚牢的大门，并没有真正关上，任何一个人只要仔细察看一下，并有胆量去试一试，比如拉一下看似沉重的铁链，甚至不必用多大力气推一下大门，都可以打得开。如果连摸也不摸，看也不看，自然会对这座貌似坚牢无比的庞然大物感到束手无策了。

国王对打开了大门的大臣说："朝廷那重要的职务，就请你担任吧！因为你不局限于你所见到的和听到的，在别人感到无能为力时，你却会想到仔细观察，并有勇气冒险试一试。"他又对众官员说："其实，任何貌似难以解决的问题，都需要我们开动脑筋，仔细观察，并有胆量冒一下险，大胆地试一试。很多问题其实并不像你们想的那么难。"

那些没有勇气试一试的官员们，一个个都低下了头。

对于消极失败者来说，他们的口头禅永远是"不可能"，这已经成为他们的失败哲学，他们"遵循"着"不可能"哲学，一直走向失败，做什么都不会成功。

那些成功的人们，如果当初都在一个个"不可能"的面前，因恐惧失败而退却，放弃尝试的机会，就不可能等到成功的降临，他们也只能一生平凡。不经过勇敢的尝试，就无从得知事物的深刻内涵而勇敢做出决断，即使失败了，也会由于对实际的痛苦亲身经历而获得宝贵的体验，从而在命运的挣扎中愈发坚强，愈发有力，愈接近成功。

只要敢于蔑视困难，把问题踩在脚下，最终你会发现：所有的"不可能"，最终都有可能变为"可能"！

"不可能"只是失败者心中的禁锢，具有积极态度的人，从不将"不可能"当作一回事。

科尔刚到报社当广告业务员时，经理对他说："你要在一个月内完成20个版面的销售。"

20个版面，一个月内？科尔认为这很困难。因为他了解到报社最好的

第一篇　认识心态　上佳的生存状态源于良好的心态

业务员一个月最多才销售15个版面。

但是，他不相信有什么是"不可能"的。他列出一份名单，准备去拜访别人以前招揽不成功的客户。去拜访这些客户前，科尔把自己关在屋里，把名单上客户的名字念了10遍，然后对自己说："在本月之前，你们将向我购买广告版面。"

第一个星期，他一无所获；第二个星期，他和这些"不可能的"客户中的5个达成了交易；第三个星期他又成交了10笔交易；月底，他成功地完成了20个版面的销售。

在月度的业务总结会上，经理让科尔与大家分享经验。科尔只说了一句："不要恐惧被拒绝，尤其是不要恐惧被第1次，第10次，第100次，甚至上千次的拒绝。只有这样，才能将不可能变成可能。"

报社同事给予他最热烈的掌声。

在生活中，我们时常碰到这样的情况：当你准备尽力做成某项看起来很困难的事情时，就会有人走过来告诉你，你不可能完成。其实，"不可能完成"只是别人下的结论，能否完成还要看你自己是否去尝试，是否去尽力。是否去尝试，需要你克服恐惧失败的心理；是否尽力，需要你克服一切障碍，获得力量。以"必须完成"或者"一定能做到"的心态去拼搏奋斗，你一定会做出令人羡慕的成绩。

在积极者的眼中，永远没有"不可能"，取而代之的是"不，可能"。积极者用他们的意志、他们的行动，证明了"不，可能"的"可能性"。

"只要有足够的意志力、足够的头脑和足够的信心，几乎任何事情都可以做到。"不是不可能，只是暂时没有找到方法。不要给自己太多的框框，不要总是"自我设限"，你应该将注意的焦点集中在找方法上，而不是放在找借口上。正如哈瑞·法斯狄克所说："这世界现在进步得太快了，如果有人说某件事不可能做到，他的话通常很快就会被推翻，因为很可能另一个人已经做到了。在信心和勇气之下，只要我们认为可以做到，就可以以科学的方法推翻'不可能'的神话，我们就可能做成任何我们想做的事情。"

不被环境摆布，掌握人生主动权

决定我们命运的不是环境，而是心态。无论身处什么样的环境，一旦养成了消极被动的工作态度和习惯，人就很容易不思进取、目光狭隘，慢慢地丧失活力与创造力，忘记了自己当初信誓旦旦的人生信条与职业规划，最终走向好逸恶劳、一事无成的深渊。而最可怕的是生活态度的消极，工作上的消极、失败与无望，这些必然会对人产生非常可怕的负面影响。想想看，一个人消极地面对世界，满眼的灰色，为周围的朋友、同事所不屑，该是多么的可悲！

环境怎样是好？怎样是坏？标准并不在环境本身，而在于人如何自处：置身其间，不迷失自己，保持积极主动的精神，这样的环境再"坏"也是好环境，反之，再"好"的环境也是坏环境。环境对人确实有一定的影响，而最关键的还是人自身，归根结底，顺境或逆境都不能成为消极被动的借口。

1940年10月，贝利生于巴西古拉斯州的一个小镇。

在巴西，男孩子要做的第一件事就是踢球。贝利很小的时候便和小伙伴们玩起了足球。贝利与其伙伴们都是贫穷人家的孩子，他们买不起足球。但困难没有阻挡他们踢球的爱好，于是他们就自己做了一个：找一只最大的袜子，在里面塞满破布和旧报纸，然后把它尽量按成球形，最后将补袜口用绳子扎紧。他们的球越踢越精，球里面塞的东西也越来越多，越来越重。一个男子汉夏天不穿袜子照样可以走路，可是到了冬天，贝利他们仍然没有袜子穿。他们只是这样想：有了东西当球踢，这是多么快乐的事啊！

7岁那年，贝利的姑姑送给他一双半新的皮鞋。他把这双鞋当成了宝贝，只有星期日上教堂才舍得穿，穿上它他感到很神气。他永远不会忘记这双鞋，因为有一天他穿了它踢球，结果鞋子被踢坏了，为这还挨了妈妈的罚。他本来只是想知道穿着鞋踢球是什么滋味。

也就是从那时起，贝利经常去体育场，一边看球，一边替观众擦鞋。球赛结束后爸爸来接他时，他已经赚了不少钱！他们手拉手地回家，非常高兴：父子俩都是有收入的人了！

贝利8岁时进入包鲁市的一所学校学习。他仍然光着脚踢球，不管严冬还是酷暑。他的球技在这日复一日的磨炼中已经让许多大人刮目相看了。就在这之后不久,人们就见识到了这个孩子精彩绝伦的球技。

从球王贝利的成长故事中,我们可以得出这样一个道理:决定我们命运的不是外在的环境、条件,而是我们自身奋斗的程度。只有不被环境摆布,掌控人生主动权的人才配拥有胜利的光环。环境如何并不能成为消极被动的借口。一味把责任推给环境,一个人一旦养成了这种消极的习惯,那么处于顺境或遇到成功时就容易自我满足、停滞不前;处于逆境或遇到困难时就容易轻言放弃、怨天尤人,极难成功。

卡耐基曾经说过:"我的成功原则就是主动。在任何行业里,能达到自己主要人生目标的每一个人,都必须运用这项原则。它之所以十分重要,是因为没有一个人的成功,能够不借助于它的力量。你可以称之为'主动'的原则。研究一下任何一位被视为确实有所成就的人,你会发现,他都有一个明确的主要目标,也有一个完善的计划以达到他的目标,他的大部分心思和努力,都投注在如何主动去达到这一目标上。"

多数人之所以把自己的生活弄得一团糟,没能获得成功,至少有部分原因是因为他们不能够正确地看待自己,他们对自己往往抱有一种消极悲观的态度。

有些人虽然有目标和理想,而且努力工作,但是最终仍然失败了;有些人希望做些有创造性的事,偏偏无所表现,为什么?问题或许就出在他自己的内心。记住,"人是他自己最可恶的敌人"。

每个人的内心都有一个属于自己的小宇宙,当我们有了某种决心,并且相信它会变为事实时,我们小宇宙里的所有力量就会动起来,进而把自己的决心推向实现的方向。在不经意的某一天,你会发现,自己的梦想真的成为现实了。回头看一看,这些都是当初你自己的选择,重要的是那种认为自己行的念头一直在支撑着你,正是它改变并影响着你的行为。你将自己潜藏的能力表现出来,就像将深深沉睡在地下的矿藏挖掘出来一样,它本是属于你的,关键在于你是否知道自己有,是否相信自己才是自己命运的决定者。

积极是永不服老的"年轻态"

每个人都希望自己永远年轻,因而在祝福别人的时候,我们常常会说:

人生是一种态度

青春永驻，永远年轻。但一个人的生命从年轻到衰老，是无法抗拒的自然规律。为了能延缓衰老，让自己多拥有一些年轻时光，一些人追寻各种养生秘方，保健品、保健器械、化妆品、医疗美容……过分关注外在的同时，却忽略了保持青春的另一个重要方面：保持一颗年轻的心。

一个人年轻与否，除了看他（她）的生理年龄和外表，更重要的是看他（她）的心理年龄，即看他是否拥有年轻的心态。如果你徒有一个年轻的外表，而失去了年轻的心，那你的"年轻"必然不会保持多久。保持年轻的心态并不意味着要放弃做一个成年人，回归孩童的幼稚，而是要求我们对待现实的心态更积极一些、热情一些。

对于一个积极生活、热爱生命的人来说，年龄只是一个数字。你若认为自己衰老，你就会变得老气横秋；你若认为自己年轻，你就会变得生机勃勃。岁月只能在人的皮肤上留下皱纹，失去对生活的热情才能使人的心灵起皱。人的一生必然从青年走向老年，只要珍惜和把握，无论在哪一个年龄段，都可以创造人生美景。

美国前总统克林顿在白宫办公桌的玻璃板底下压着一张便条，上书："年轻，只是一种心态。"克林顿正是以此来不断鞭策自己，始终以饱满的精神状态投入工作。

麦克阿瑟是美国历史上卓有成就的一名五星上将，同时也是获得功勋最多的军人之一。他投身军旅52载，身经两次大战，时时刻刻都以"责任、荣誉、国家"为念。他的名言"老兵不死，只有逐渐凋零"在人们心中留下了深远的回响。

麦克阿瑟一生都十分自信，满怀希望，积极而不疑虑。他晚年时，发表了一篇关于年轻的文章："年龄使皮肤和灵魂起皱纹，并使你放弃兴趣、爱好，你有信仰就年轻，你若疑虑就年老；你有自信就年轻，你若恐惧就年老；你有希望就年轻，你若绝望就年老。在心底深处藏有一间记录室，如果永远收到美丽、希望、愉快和勇气的讯号，你就永远年轻；当你的心房被悲观和怯懦主义所掩蔽，你就只有渐渐变老，渐渐凋零了。"

无独有偶，塞缪尔·尤尔曼，一个大器晚成、70多岁才开始写作的作家，在作品《年轻》中这样写道："年轻，不是人生旅程中的一段时光，也不是红颜、朱唇和轻快的脚步，它是心灵中的一种状态，是头脑中的一个意念，是理性

第一篇　认识心态　上佳的生存状态源于良好的心态

思维中的创造潜力，是情感活动中的一股勃勃生机，是使人生春意盎然的源泉。"

年轻，意味着放弃固执的温室和停滞的享受而去开创生活，意味着具有超越羞涩、怯懦的胆识和勇气。这样的人永远不会服老，即使到了60岁，其积极性也不逊于20岁的年轻人。没有人是仅仅因为时光的流逝而衰老的，只有放弃了自己的理想，消极面对世事的人才会变为真正的老人。

欧阳自工作后，一直在镇上教书。因为离农村老家不远，每隔一段时间他便要回家看望父母。走到村上，经常会碰到范大爷正专心致志地在他的那块蔬菜地里忙碌着。他70好几的人，耳不聋，眼不花，筋骨好得很，将那菜园管理得很好。他还经常将菜挑到附近的小集镇上去卖，换些零花钱。因为种得多，卖不了、吃不完，他就经常送些给左邻右舍，连欧阳这个"村外人"也好几次受到了他的"恩惠"。因此欧阳心中特别过意不去，就经常主动地跟他打招呼："范大爷，您都近80的人啦，儿孙都已成家立业了，您也该享享清福啦！"谁知他一拍大腿："我年纪不大，才78岁，小着呢！"说完，朗声大笑，担起水桶浇水去了。因为有追求，近80的老人并不觉得自己苍老，每天忙碌在田头。

中科院博导张梅玲教授已年过七旬，但她却风采依旧。还有活跃在教育界的全国著名特级教师王芳、李吉林……在广大教师的心目中，他们永远是那么年轻、充满活力。是什么让他们如此年轻，如此青春永驻？是不断地追求，对事业的无比热爱。

岁月不可避免地在你的皮肤上留下苍老的皱纹，但若保持热情，岁月就无法在你心灵上刻下痕迹，只有忧虑、恐惧和自卑等消极情绪才会使人苟活于尘世。

无论是70岁还是17岁，每个人的心里都会蕴含着奇迹般的力量，都会对进取和竞争怀着孩子般的无穷无尽的渴望。在每个人的心灵之中，都拥有一个类似无线电台的东西，只要能源源不断地接收来自人类和造物主的美好、希望、欢乐、勇气和力量的信息，你就会永远年轻。

永远年轻的状态是需要用对生活的热情和对人生的挑战去保持的，否则，你的心便会被玩世不恭的冷漠和悲观绝望的严酷所覆盖，哪怕你只有20岁，你也会衰老。但如果你永远保持热情和"不服老"的精神，捕捉每一个积极进取的音符，那你就会有希望在古稀之年依然年轻。

积极塑造高情商的自我

情商 EQ 是 Emotional Quotient 的简称，翻译过来是情感智慧的意思。

这个概念首先是由美国耶鲁大学教授彼得·沙洛维和新罕布什尔大学教授约翰·梅耶在 1990 年提出的。1995 年 10 月，美国《纽约时报》专栏作家丹尼尔·戈尔曼出版了《情感智商》一书，把情商这一研究新成果介绍给大众，该书迅速成为世界性的畅销书。一时间，"情感智商"这一概念在世界各地得到了广泛的宣传。

简单地说，情感智商是自我管理情绪的能力。和智商一样，情商是一个抽象的概念，情商是一个度量情绪能力的指标。

关于它的重要性，各方面的专家学者都发表了自己的见解。丹尼尔·戈尔曼认为："仅有 IQ 是不够的，我们应用 EQ 来教育下一代，帮助他们发挥与生俱来的潜能。"EQ 的创始人沙洛维博士和梅耶博士说："EQ 已成为 20 世纪最重要的心理学研究成果。"

如果说智商来自于遗传，即先天既定的因素，那么情商则是来自心灵深处的力量，可以后天培养。

"智商决定论"容易让人们陷入一种被动的、宿命论的境况，而情商则不同，我们可以用这种情绪的智慧来主宰我们的命运。心理学家霍华·嘉纳说："一个人最后在社会上占据什么位置，绝大部分取决于非智力因素。"

关于情商和智商对于人们成功的影响，在西方一直流传着这么一句话："智商（IQ）决定录用，情商（EQ）决定提升。"

情商的关键是控制自我，没有自制力的人终将一无所成，因为一点的小刺激和小诱惑他都会抵制不了，进而深陷其中。

控制自我情绪是种重要的能力，也是人区别于动物的重要标志。人是有理性的人，不能单纯依赖感情行事。

卡耐基的经历给了我们很好的启示。

有一次，卡耐基和办公大楼的管理员发生了一场误会，这场误会导致了

第一篇　认识心态　上佳的生存状态源于良好的心态

他们之间相互的憎恨。这位管理员为表示对卡耐基的不满，便时不时给卡耐基添些小麻烦。一天，管理员知道整栋大楼里只有卡耐基在办公室里时，立刻把全楼的电灯关了。这样的情形发生了好几次，最后，卡耐基忍无可忍，决定"反击"。

某个周末，机会来了。卡耐基正在他的办公室里准备一份计划书，忽然电灯熄灭了。卡耐基立刻跳起来，奔向楼下的地下室，他知道在那儿可以找到这位管理员。当卡耐基到那儿时，发现管理员正倚在一张椅子上看报纸，还吹着口哨，仿佛什么事情都未发生似的。

卡耐基立刻破口大骂。一连5分钟之久，他用尽了天下所有的脏字来侮辱管理员。最后，卡耐基实在想不出什么骂人的词句，只好放慢语速。这时候，管理员放下手中的报纸，脸上露出微笑，并以一种充满自制和镇静的声音说："呀，你今天有点儿激动，不是吗？"他的话像一支利箭，一下子刺进了卡耐基的心。

卡耐基羞愧难当：站在自己面前的是一位只能以开关电灯为生的工人，但在这场战斗中他却打败了自己，而且这场战斗的场合和武器，都是他自己挑选的。

卡耐基一言不发，转过身，以最快的速度回到办公室。他再也做不了任何事了。当卡耐基把这件事反省了一遍又一遍后，他立即看出了自己的错误。坦率地说，他很不愿意采取行动来改正自己的错误，但卡耐基知道，必须向那个人道歉，内心才能平静。最后，他花了很久的时间才下定决心，到地下室去忍受必须忍受的那种羞辱。

卡耐基到地下室后对那位管理员说道："我回来为我的行为道歉，如果你愿意接受的话。"管理员脸上露出了微笑，说："凭着上帝的爱心，你用不着向我道歉。除了这四堵墙壁，以及你和我之外，并没有人听见你刚才说的话。我不会把它说出去的，我知道你也不会说出去的，因此，我们不如就把此事忘了吧。"

卡耐基听了这话，羞愧再次刺痛了他的心。他抓住管理员的手，使劲握了握。卡耐基不仅是用手和他握手，更是用心和他握手。在走回办公室途中，卡耐基心情十分愉快，因为他终于鼓起勇气，解决了自己做错的事。由此卡耐基一再告诫我们，自制是一种十分难得的能力，它不是枷锁，而是对你有利的警钟。

那些以为自制就会失去自由的人，对"自由"与"自制"的意义显然还没有深刻的领会。因为自制不是要你失去自由，而它恰恰是为了保证自由在最大限度内得以实现。

追求自由是无可非议的，但我们不能放任自流。一点也不加以限制的自由，本身就潜藏着无穷的害处与危险，严重的时候，它会像脱缰的马儿一样难以控制。世界上不存在绝对的自由，真正意义上的自由是"戴着镣铐跳舞"。

给情绪一个自制的阀门，塑造一个高情商的自我，我们自然会做到潇洒自如，赢得卓越的人生。

相信"天生我材必有用"

今天，有太多太多的人不相信自己能够成功，反而质疑自己是否具有成功的能力。对于自己的一事无成，他们常常能找到各种借口、理由来搪塞。悲观主义、消极情绪泛滥，是我们时代的一个特点，弥漫在我们的社会当中。在很多人身上，我们看不到一点渴望追求成功的影子，相反，他们给人的印象倒像是某种力量的受害者。

怀疑主义是一切进步事业的死敌，也是个人追求自我完善的死敌。不相信自己的人，多半从来不能实现自己的梦想。要相信你自己，相信你的朋友、你的家庭，相信你所希望拥有的最终几乎都可以得到，相信你的成功是来自己的努力，而非侥幸，相信你向生活投资一分，最终生活会回报你一分。

在儿童时代，我们就常常被告知，雪花是独一无二的，没有任何两片雪花是相同的。我们的指纹、声音和DNA也是如此。因此可以肯定，我们每一个人都是独一无二的个体。

畅销书《世界上最伟大的推销员》的作者奥格·曼狄诺说："我是自然界最伟大的奇迹。自从上帝创造了天地万物以来，没有一个人和我一样，我的头脑、心灵、眼睛、耳朵、双手、头发、嘴唇都是与众不同的。言谈举止和我完全一样的人以前没有，现在没有，以后也不会有。虽然四海之内皆兄弟，然而人人各异。我是独一无二的。"

每个人都是独一无二的，而使我们独一无二的标志就是，我们通过思想意识的作用而在自己内部带来变化的能力。我们对自己的认知、对自己的定

第一篇　认识心态　上佳的生存状态源于良好的心态

位以及我们将要实现的目标决定着我们在这个世界上独特的位置。

客观地认识你自己当然是困难的，然而作为一个想正正经经做一番事业的人，我们首先对自己要有个正确的认识。比如说，你可能解不出那样多的数学难题，或记不住那样多的外文单词，但你在处理事务方面却有着特殊的本领，能知人善任，具有高超的组织能力；你在物理和化学方面也许差一些，但在写小说、诗歌方面却是能手；也许你分辨音律的能力不行，但却有一双极其灵巧的手；也许你连一张桌子也画不像，但却有一副动人的歌喉；在认识到自己的长处这个前提下，如果你能扬长避短，认准目标，抓紧时间把一件工作或一门学问刻苦地、认真地做下去，久而久之，自然会结出丰硕的成果。你要相信：天生我材必有用！

柯南道尔作为医生并不著名，写小说却名扬天下——每个人都有自己的特长，都有自己特定的天赋与素质，如果你选对了符合自己特长的努力目标，就能够成功，否则就多少会自己埋没自己。

在成才的道路上，我们不仅要认识自己、相信自己，而且还需要一点点勇气。

巴罗·罗特希尔德一生的座右铭是"勇往直前"，这也是世界上大多数成功者的成功秘诀。

自信，往往能使平凡的男男女女做出惊人的事业来。胆怯和意志不坚定的人即便有出众的才干、优良的天赋、高尚的性格，也终难成就伟大的事业。

一个人的成就，绝不会超出他自信所能达到的高度。如果拿破仑在率领军队越过阿尔卑斯山的时候，只是坐着说："这件事太困难了。"那么他就永远不会越过那座高山。所以，无论做什么事，坚定不移的自信心是达到成功所必需的和最重要的因素。

自信，是伟大成功的源泉。不论才干大小、天资高低，成功都取决于坚定的自信力。相信能做成的事，一定能够成功。反之，不相信能做成的事，那就绝不会成功。

只有领悟到这一点，并且不断努力，你才可能成为杰出的人物。所以，任何人都有坚强的意志，要相信自己，要坚定"天生我材必有用"的意识。

英国著名的评论家海斯利特曾说："低估自己者，必为别人所低估。"

体育界盛行一句话："不用，就会失去。"肌肉如果不运用，就会萎缩，而这种萎缩程度之大，足可以加害于身体。如果我们不去唤醒我们的潜在能力，这些能力会转化成自我毁灭的渠道。如果你不断地挖掘你的潜能，你的一生都会充满令人激动的探险。为了充分挖掘自身的潜力，我们首先应该认识它们。

　　一个人只有具备积极的自我意识，才会知道自己是个什么样的人，并知道自己能够成为什么样的人。因而他能积极地开发和利用自己身上的巨大潜能，干出非凡的事业来。罗斯福曾说过："杰出的人不是那些天赋很高的人，而是那些把自己的才能尽可能发挥到最高限度的人。"

　　想象自己能够成功，用积极的动机推动行为的发展，通过不懈的努力，你就能达到目标。

积极心态：最大限度利用潜意识挖掘自身的潜能

　　消极失败的心态之所以会使人怯懦无能，走向失败，是因为它使人放弃了对伟大潜能的挖掘，让潜能在那里沉睡，白白浪费；积极成功的心态之所以会使人心想事成，走向成功，是因为它使人能够最大限度地利用潜意识，挖掘出自身的巨大潜能。

　　人们都渴望成功，那么，成功有无"秘诀"？这里，我们就要把一个"秘诀"告诉你：成功者之所以取得成功的根本原因就在于他能够运用潜意识挖掘出自身无穷无尽的潜能。任何成功者都不是天生的，只要你抱着积极心态去挖掘你的潜能，你就会有用不完的能量，你的能力就会越来越强。相反，如果你抱着消极心态，不去挖掘自己的潜能，那你只有叹息命运不公，并且越消极越无能！

　　每一位在通往成功的大路上艰难前往的跋涉者，都必须学会利用潜意识去挖掘自身的潜能，因为这是通往成功的"捷径"。在适当的时候，用适当的方式，这种潜能就能发挥出无穷的力量，创造出一个又一个奇迹。

　　刘翔在雅典奥运会上打破了黑人选手对田径短跑项目的垄断，起跑只用了 0.139 秒；世界心理学大师罗扎诺夫的学生一天能学会 1200 个外语单词；而曾严重口吃的美国人乔·吉拉德，居然能够成为全球最受欢迎的演讲大师之一……

第一篇 认识心态 上佳的生存状态源于良好的心态

他们都超越了人类以往认识的极限，带给我们新的奇迹。

由此可见，只要你抱着积极的心态开发你的潜能，你也会像他们一样，有用不完的能量，而后走向成功、成就伟业……

然而，面对这一巨大宝藏，很多人却常常忽视，总是用消极淹埋自己的潜能，让它伏于冰山之下。

一个心理学研究报告表明，几乎所有的人都只发挥出其能力的15%。

在这份报告中，我们看到不能发挥其余85%的力量的根源在于恐惧、不安、自卑、意志薄弱及罪恶感，将所有的原因综合起来，可以说是"与外界的不调和"。不能包容外界，消极对待自己，这等于是给自己的能力踩了刹车。

积极地与外界调和，能使自己的能力发挥到淋漓尽致的地步。

弗洛伊德曾利用无数的实验来证实他的看法，他说，人的能力、本性等大都存在于未发掘出来的部分，就像大部分冰山潜藏在水底一样，这就是著名的冰山理论。他将这些本能和习性不被人所看到的绝大部分称之为"潜在意识"，简单地说，就是"盲目性的心的动作。"正因为这种作用是盲目性的，所以是很真实的而且不能忽视的。

潜意识能量的爆发，通常会让肉体和精神都产生意想不到的奇迹变化。潜意识的力量无穷。在一场车祸中，丈夫被压在车轮下，娇小的妻子在千钧一发时，竟抬高车轮将丈夫救了出来！"疯狂"的人受到潜意识中的巨大能量所驱使，可以产生在正常时无法想象的破坏、抬起、弯曲及粉碎的力量。

拥有积极心态，不停地挑战自我、挑战极限，就可以挖掘出潜在水面下的冰山——潜力。在发掘潜力、不断前行的过程中，人们总会遇到很多困境，但只要你用积极的心态去面对，困难和挫折都可以转变成为潜力的驱动力。

可是令人遗憾的是，有史以来，仅有极少数的人能够充分发挥自己的潜能，这实在是一件可悲的事。

我们怎样才能将潜能正确引导出来呢？

1. 在使用中挖掘潜能

要挖掘潜能，必须使用已有的能力。只有使用能力，能力才能产生实际作用。哪怕你已经具有了某种能力，可是搁置一旁，废弃不用，严格地说它也只能算是潜在能量，对现实毫无作用。很多没上过专门学校的推销员比那些专门学营销专业的大学生的推销能力强得多，正是由于他们在"使用中开发潜能"的缘故。

2. 选准最易突破的一点

面对五花八门、种类繁多的各种潜能，并不需要你对每一种潜能都投入完全一样的时间成本、精力成本去大力开发。那不仅会分散有限的精力，而且也很不现实。我们在全面了解、重视整体潜能的同时，还应根据自己的优势，集中力量，选准一种关键潜能进行开发，取得突破，这样才能盘活整体潜能。开发潜能一定要选准最易突破的一点，以求尽快突破。

3. 充分考虑自身的天赋、资质等客观条件

要根据自身的天赋和资质，特别是根据自身的优势和特长来确定应当着重开发的潜能。只有这样，才能使潜能的挖掘事半功倍。人人都有自己的优势才能，人人都有自己的最佳发展区。开发潜能一定要根据自身的天赋、资质等客观条件，大力开发优势潜能，否则，费时费力还不讨好。最新教育观提出：由于每个人的特点不同，故而"每个人都应当有自己的课程"。每个人开发潜能，都要根据自身特点，设计出自己开发、利用潜能的蓝图。

4. 承受适当的压力

人往往都有惰性，只有在一定的压力下，才能最大限度地开发自身的潜能。压力是促使进步的最好动力。著名科学家贝弗里奇说："人们最出色的工作往往是在逆境中做出的，思想上的压力，甚至肉体上的痛苦，都可能成为精神上的兴奋剂。很多作家、画家平时灵感难寻，只有在交稿时间迫近造成的压力下，大脑里才容易涌现出灵感。"创造学之父奥斯本说："多数有创造力的人，其实都是在期限的逼迫下从事工作的。决定了期限，他们就会产生对失败的恐惧感，因此，在工作时就会加上情感的力量，会使得工作更加完美。"他还说："谁被逼到角落里，谁就会有出奇的想象。"当然，压力不能过大，压力过大，就会把人给压怕了、压趴了。压力适度，不但是行动的最好保障，而且往往能使人把潜能发挥到极致，从而创造出令人震惊的奇迹。

第二篇

调整心态

挣脱消极心态的束缚

第四章
甩掉自卑的包袱

自卑是失败者的名片

　　世上大部分不能走出生存困境的人都存在信心不足的问题，他们就像一棵脆弱的小草一样，毫无信心去经历风雨，这就是可怕的自卑心理在作怪。所谓自卑，就是轻视自己，自己看不起自己。自卑心理严重的人，并不一定是其本身具有某些缺陷或短处，而是他们不能接纳自己，自惭形秽。他们常把自己放在一个低人一等，不被自我喜欢，进而演绎成别人也看不起自己的位置，并由此陷入不能自拔的痛苦境地，心灵笼罩着永不消散的愁云。

　　自卑的人，情绪低落，郁郁寡欢，常因害怕别人看不起自己而不愿与人来往，只想与人疏远，缺少朋友，顾影自怜，甚至自疚、自责、自罪；自卑的人，缺乏自信，优柔寡断，毫无竞争意识，抓不住稍纵即逝的各种机会，享受不到成功的乐趣；自卑的人，常感疲劳，心灰意懒，注意力不集中，工作没有效率，缺少生活情趣。

　　如果一个人总是沉迷在自卑的阴影中，那无异于给自己套上了无形的枷锁。但是如果他能够认清自己，懂得换个角度看待周围的世界和自己的困境，那么许多问题就会迎刃而解。

　　从前，有个长发公主，她头上披着很长很长的金发，长得很俊很美。公主自幼被囚禁在古堡的塔里，和她住在一起的老巫婆天天念叨公主长得很丑。公主也坚信自己是个丑陋的姑娘，她为自己的容貌而深感自卑。

　　一天，一位年轻英俊的王子从塔下经过，被公主的美貌惊呆了，从这以后，他天天都要到这里来，一饱眼福。公主从王子的眼睛里看清了自己的美丽，同时也从王子的眼睛里发现了自己的自由和未来。有一天，她终于放下头上长长的金发，让王子攀着长发爬上塔顶，把她从塔里解救了出来。

其实，囚禁公主的不是别人，正是她自己，那个老巫婆是她心里迷失自我的魔鬼，她听信了魔鬼的话，以为自己长得很丑，不愿见人，就把自己囚禁在塔里。

自卑常常在不经意间闯进我们的内心世界，控制着我们的生活，在我们有所决定、有所取舍的时候，向我们勒索着勇气与胆略；当我们遇到困难的时候，自卑会站在我们的背后大声地吓唬我们；当我们要大踏步向前迈进的时候，自卑会拉住我们的衣袖，叫我们小心地雷。一次偶然的挫败就会令自卑的你垂头丧气，一蹶不振，甚至将自己的一切否定，你会觉得自己一无是处，窝囊至极，你会因为自卑而掉进自责、自罪的漩涡。

自卑就像蛀虫一样啃噬着你的人格，它是你走向成功的绊脚石，是你快乐生活的拦路虎。

一个人如果自卑，他不仅不敢有远大的目标，同时他将永远不会出类拔萃；一个民族和国家如果自卑，那么它只能当别国的殖民地，站不起来，也不敢站起来，只能跟在别国身后当附庸品。

自卑是一种压抑，一种自我内心潜能的人为压抑，更是一种恐惧，一种损害自尊和荣誉的恐惧。所以在生活中，我们只有比别人更相信并且珍爱自己，我们才能发挥自己最大的潜力，创造出属于自己的天地。当我们遭到冷遇时，当我们受到侮辱时，一定要自尊自爱，把羞辱作为奋发的动力，激励自己去战胜一个个困难。

欣赏自己的不完美

一位挑水夫，有两个水桶，分别吊在扁担的两头，其中一个桶有裂缝，另一个则完好无缺。在每趟长途挑运之后，完好无缺的桶总是能将满满一桶水从溪边送到主人家中，但是有裂缝的桶到达主人家时却总是只剩下半桶水了。

两年来，挑水夫就这样每天挑一桶半的水到主人家。当然，好桶对自己能够送满整桶水感到很自豪。破桶对于自己的缺陷则非常羞愧，它为自己只能负起责任的一半感到很难过。

　　饱尝了2年失败的苦楚，破桶终于忍不住，在小溪旁对挑水夫说："我很惭愧，必须向你道歉。""为什么呢？"挑水夫问道，"你为什么觉得惭愧？""过去2年，因为水从我这边一路地漏，我只能送半桶水到你主人家，我的缺陷使你做了全部的工作却只收到一半的成果。"破桶说。挑水夫替破桶感到难过，他充满爱心地说："在我们回主人家的路上，你要留意路旁盛开的花朵。"

　　果真，他们走在山坡上，破桶眼前一亮——它看到缤纷的花朵开满路的一旁，沐浴在温暖的阳光之下，这景象使它开心了很多！但是，走到小路的尽头，它又难受了，因为一半的水又在路上漏掉了！破桶再次向挑水夫道歉。挑水夫温和地说："你有没有注意到小路两旁，只有你的那一边有花，好桶的那一边却没有开花呢？我明白你有缺陷，因此我善加利用，在你那边的路旁撒了花种，每回我从溪边回来，你就替我浇了一路花！2年来，这些美丽的花朵装饰了主人的餐桌。如果你不是这个样子，主人的桌上也不会有这么好看的花朵了！"

　　我们都知道没有完美的人，但人人却又追求完美。完美主义已经深深地渗入了我们的血液。事实上，我们应该做到的是，对于自己的缺陷不要耿耿于怀，而要敢于直面不完善的自我。

　　学会容纳自己的不完美，实事求是地看待自己，我们才能从自身条件的不足和所处的不利环境的局限中解脱出来，去做自己想做的事。

　　她站在台上，不时不规律地挥舞着她的双手；她仰着头，脖子伸得好长好长，与她尖尖的下巴扯成一条直线；她的嘴张着，眼睛眯成一条线，诡异地看着台下的学生；偶然她口中也会咿咿唔唔的，不知在说些什么。她基本上是一个不会说话的人，但是，她的听力很好，只要对方猜中，或说出她的意见，她就会乐得大叫一声，伸出右手，用两个指头指着对方，或者拍着手，歪歪斜斜地向对方走来，送给他（她）一张用她的画制作的明信片。

　　她就是黄美廉，一位自小就患脑性麻痹的病人。脑性麻痹夺去了她肢体的平衡感，也夺走了她发声讲话的能力。从小她就活在诸多肢体不便及众多异样的眼光中，她的成长历程中充满了血泪。然而她没有让这些外在的痛苦击败她内在奋斗的精神，她昂然面对，迎向一切的不可能，终于获得了加州大学艺术博士学位。她把她的手当画笔，以色彩告诉人们"寰宇之力与美"，并且灿烂地"活出生命的色彩"。全场的学生都被她不能控制自如的肢体动作震慑住了，这是一场倾倒生命、与生命相遇的演讲会。

"请问黄博士，"一个学生小声地问，"你从小就长成这个样子，请问你怎么看你自己？你没有怨恨过吗？"大家的心一紧，这孩子真是太不成熟了，怎么可以当面在大庭广众之下问这个问题，太伤人了，他们很担心黄美廉会受不了。

"我怎么看自己？"黄美廉用粉笔在黑板上重重地写下这几个字。她写字时用力极猛，有力透纸背的气势。写完这个问题，她停下笔来，歪着头，回头看着发问的同学，然后嫣然一笑，回过头去，在黑板上龙飞凤舞地写了起来：

一、我好可爱！

二、我的腿很长很美！

三、爸爸妈妈这么爱我！

四、上帝这么爱我！

五、我会画画！我会写稿！

六、我有只可爱的猫！

七、还有……

八、……

忽然，教室内鸦雀无声，没有人敢讲话。她回过头来看着大家，再回过头去，在黑板上写下了她的结论："我只看我所有的，不看我所没有的。"

掌声由学生群中响起，黄美廉倾斜着身子站在台上，满足的笑容从她的嘴角荡漾开来，她的眼睛眯得更小了，有一种永远也不能被击败的傲然写在她脸上。

大家不觉两眼湿润起来，看着黄美廉写在黑板上的结论："我只看我所有的，不看我所没有的。"每个人都想，这句话将永远鲜活地印在自己的心上。

我们这么多年来每天生活在一个美好的世界里，可是我们却看不见生活的美丽，怨天尤人，时常感到失落。要得到快乐，请记住这条规则："只看我所有的，不看我所没有的。"

世界并不完美，人生当有不足。没有遗憾的过去无法链接人生。对于每个人来讲，不完美是客观存在的，无须怨天尤人。

完美主义者表面上很自负，内心深处其实很自卑，因为他很少看到自己的优点，总是关注缺点。

如果总是不知足，很少肯定自己，你就很少有机会获得信心，当然会自卑了。不知足就会不快乐，痛苦就常常跟随着你，这样周围的人也会不快乐。学会欣赏别人和欣赏自己是很重要的，这是使人更进一步实现下一个目标的基石。

最优秀的人就是你自己

风烛残年之际，柏拉图知道自己时日不多了，就想考验和点化一下他那位平时看来很不错的助手。他把助手叫到床前说："我需要一位最优秀的传承者，他不但要有相当的智慧，还必须有充分的信心和非凡的勇气……这样的人选直到目前我还未见到，你帮我寻找和发掘一位好吗？"

"好的，好的。"助手很温顺、很诚恳地说，"我一定竭尽全力去寻找，以不辜负您的栽培和信任。"那位忠诚而勤奋的助手，不辞辛劳地通过各种渠道开始四处寻找了。可他领来一位又一位，都被柏拉图一一婉言谢绝了。有一次，病入膏肓的柏拉图硬撑着坐起来，抚着那位助手的肩膀说："真是辛苦你了，不过，你找来的那些人，其实还不如你……"

半年之后，柏拉图眼看就要告别人世，最优秀的人选还是没有眉目。助手非常惭愧，泪流满面地坐在病床边，语气沉重地说："我真对不起您，令您失望了！""失望的是我，对不起的却是你自己，"柏拉图说到这里，很失望地闭上眼睛，停顿了许久，又不无哀怨地说："本来，最优秀的人就是你自己，只是你不敢相信自己，才把自己给忽略、给耽误、给丢失了……其实，每个人都是最优秀的，差别就在于如何认识自己、如何发掘和重用自己……"话没说完，一代哲人就永远离开了这个世界。

那位助手非常后悔，甚至整个后半生都在自责。

助手因为自卑而不敢相信自己的能力，结果造成了永远的遗憾。

其实，自卑并不可怕，自卑的情绪谁都会有，只是或多或少、或早或晚的区别。真正可怕的是被自卑所操纵，迷失了自我。只要我们相信自己，不

第二篇 调整心态 挣脱消极心态的束缚

断做出成绩来证明自己，就可以摆脱自卑的困扰。

10多年前，他从一个仅有20多万人口的北方小城考进了北京的大学。上学的第一天，与他邻桌的女同学第一句话就问他："你从哪里来？"而这个问题正是他最忌讳的，因为在他的逻辑里，出生于小城，就意味着小家子气，没见过世面，肯定会被那些来自大城市的同学瞧不起。

就因为这个女同学的问话，使他一个学期都不敢和同班的女同学说话，以致一个学期结束的时候，很多同班的女同学都不认识他！很长一段时间，自卑的阴影占据着他的心灵。最明显的体现就是每次照相，他都要下意识地戴上一副大墨镜，以掩饰自己的内心。

20年前，她也在北京的一所大学里上学。大部分日子，她也都在疑心、自卑中度过。她疑心同学们会在暗地里嘲笑她，嫌她肥胖的样子太难看。

她不敢穿裙子，不敢上体育课。大学生活结束的时候，她差点儿毕不了业，不是因为功课太差，而是因为她不敢参加体育长跑测试！老师说："只要你跑了，不管多慢，都算你及格。"可她就是不跑。她想跟老师解释，她不是在抗拒，而是因为恐惧，恐惧自己肥胖的身体跑起步来一定非常愚笨，一定会遭到同学们的嘲笑。可是，她连向老师解释的勇气也没有，茫然不知所措，只能傻乎乎地跟着老师走。老师回家做饭去了，她也跟着。最后老师烦了，勉强算她及格。

在最近播出的一个电视晚会上，她对他说："要是那时候我们是同学，可能是永远不会说话的两个人。你会认为，人家是北京城里的姑娘，怎么会瞧得起我呢？而我则会想，人家长得那么帅，怎么会瞧得上我呢？"

他，现在是中央电视台著名节目主持人，经常对着全国几亿电视观众侃侃而谈，他主持节目给人印象最深的特点就是从容、自信。他的名字叫白岩松。

她，现在也是中央电视台著名节目主持人，而且是第一个完全依靠才气而丝毫没有凭借外貌走上中央电视台主持人岗位的。她的名字叫张越。

原来是他们，原来他们也会自卑，原来自卑是可以彻底摆脱的。

"相信自己，我就是主宰"，这是成功人士的座右铭。我们现在可能不是想象中的某种"人才"，但也要相信自己有潜力成为那样的人。自卑于现状裹足不前的人，永远不可能成就自己。只有自信的人才会努力塑造自己，向着成功迈进。

在心中撒一颗自信的种子

　　自卑自贱的观念，往往导致人不思进取、自甘平庸。世上有很多自卑的人，他们以为自己的地位太低微，别人所有的种种幸福是不属于他们的，他们是不配享有的；以为他们是不能与那些伟大人物相提并论的；以为世界上最好的东西，不是他们这一辈子所应享有的；以为生活上的一切快乐都是留给一些命运的宠儿来享受的。这样，他们当然就不会有出人头地的观念了。许多人，本来可以做大事、立大业，但实际上却做着小事、过着平庸的生活，原因就在于他们没有坚定的信心。

　　军队的战斗力在很大程度上取决于士兵们对统帅的敬仰和信心。如果统帅抱着怀疑、犹豫的态度，全军便要混乱。据说拿破仑亲率军队作战时，同样一支军队的战斗力，便会增强一倍。拿破仑的自信，使他的军队所向披靡。

　　有一次，一个法兰西士兵骑马为拿破仑送来一份战报。因为路上赶得太匆忙，到达终点时，马跌了一跤，死掉了。拿破仑立刻下马，叫士兵骑了自己的坐骑火速赶回前线。这个士兵看看那匹雄壮的坐骑及它的华丽的马鞍，不觉脱口说：“不，将军，对于我一个平常的士兵，这坐骑实在太高贵、太好了。”拿破仑回答说：“世界上没有一样东西，是法兰西士兵所不配享有的！”

　　世上所有困难最大的敌人是人的自信，自信能让人产生强烈的成功欲望，并因此加倍努力去争取。因为自信，我们会觉得浑身充满了力量；因为自信，我们会藐视一切暂时的艰难险阻；因为自信，我们的生活会更幸福；因为自信，我们的生命会更精彩。

　　自信是人生不竭的动力，它能帮你战胜自卑和恐惧。你相信自己会成为什么样的人，并且去做了，你就会成为你所希望的那个人。

　　自信的人，不会自卑，不会贬低自己，也不会把自己交给别人去评判。自信的人，不会逃避现实，不会做生活的弱者，他们会主动出击，迎接挑战，演绎精彩人生。自信的人，不会跟自己过不去，只会鼓励自己向前进。他们会既承担责任，又缓解压力，他们会在生活的道路上游刃有余，笑看输赢得失。

第二篇　调整心态　挣脱消极心态的束缚

　　一位画家把自己的一幅佳作送到画廊里展出，他别出心裁地放了支笔，并附言："观赏者如果认为有欠佳之处，请在画上标上记号。"结果画家去看时，画面上标满了记号，几乎没有一处不被指责。过了几日，这位画家又画了一张同样的画拿去展出，不过这次附言与上次不同，他请每位观赏者将他们最为欣赏的妙笔都标上记号。当他再取回画时，看到画面又被涂满了记号，原先被指责的地方，却都换上了赞美的标记。

　　用正确的观点看待自己的人，就能在任何情况下都不会迷失自己，都会有完全的自信，永不受他人操纵。

　　自信的力量不容忽视，自信是成功的必要条件。然而，自信说起来容易，做起来难。我们不能让自信仅仅停留在想象的层面，还要成为自信的实践者。要成为自信者，就要像自信者一样去行动。也许，很多时候，我们总是迟迟不敢去行动，不敢踏出那战胜困难、战胜自己的第一步，而就让这些事一直拖着，让它们一直搁浅在我们的生命历程里，停滞不前。其实这就是一种逃避，一种对困难和现实的逃避。可是逃避不能解决任何问题，如果我们始终不去面对，这些困难就会始终存在着，问题就始终得不到解决，它们会压在我们心里，甚至让我们感觉到难以呼吸。

　　自信是一种心理状态，是可以培养的。自信意味着自我激发，它是一种内在的火种，一种流动快捷的自我肯定。

　　1．在心中描绘一幅成功蓝图，然后不断地强化这种印象，使它不致随着岁月的流逝而消退模糊。此外，相当重要的一点是，切莫设想失败，亦不能怀疑此蓝图实现的可能性。因为怀疑将会对实践构成危险性的障碍。

　　2．当你心中出现怀疑自身力量的消极想法时，要驱逐这种想法，必须设法发掘积极的想法，并将它具体地说出来。

　　3．为避免在你的成功过程中构筑障碍物，所以对可能形成障碍的事物最好不予理会，最好忽略它的存在。至于难以忽视的障碍，就下一番工夫好好研究，寻求适当的处理良策，以避免其继续存在。不过，最好彻底看清困难的实际情况，切勿夸张，以免使其看起来显得更加困难。

　　4．不要受到他人的威信影响而试图仿效他人，须知唯有自己方能真正拥有自己，任何人都不可能成为另一个自己。

　　5．寻找对你了如指掌且能有效提供忠告的朋友。你必须了解自卑感或不安感的来源。虽然这个问题往往在你的少年时期便已发生，但了解它的来源将使你对自己有所认知，并帮助你获得援救。

6．正确评估自己的实力，然后多加一成，作为本身能力的弹性范围。避免形成本位主义是必要的，但是适度地提高自信心也是相当重要的。

让我们从今天开始，拿出十二分的勇气来，切切实实地面对那些困难，把那些在心里默默下了很多次决心而又未果的事摆到桌面上来，不再给自己任何逃遁的机会和余地，认真地部署计划，对自己说一句："我能行！"然后迈开行动的第一步。相信自己，有了第一步，就会有第二步，接下来就要迎接成功的曙光了。

第五章
别让悲观挡住了阳光

悲观挡住了你的阳光

20世纪的女作家张爱玲的一生,完整地注释了悲观给人带来的负面影响有多么的巨大。张爱玲一生聚集了一大堆矛盾,她是一个善于将艺术生活化、将生活艺术化的享乐主义者,又是一个对生活充满悲剧感的人;她是名门之后、贵族小姐,却宣称自己是一个自食其力的小市民;她悲天悯人,时时洞见芸芸众生"可笑"背后的"可怜",但在实际生活中却显得冷漠寡情;她通达人情世故,但她自己无论待人接物还是穿衣打扮均是我行我素、独标孤高。她在文章里同读者拉家常,但在生活中却始终与人保持着距离,不让外人窥测她的内心;她在20世纪40年代的上海大红大紫,几十年后,她却在美国深居简出,过着与世隔绝的生活。所以有人说:"只有张爱玲才可以同时承受灿烂夺目的喧闹与极度的孤寂。"这种生活态度的确不是普通人能够承受或者是理解的,但用现代心理学的眼光看,其实张爱玲的这种生活状态源于她始终抱着一种悲观的心态活在人间,这种悲观的心态让她无法真正地融入生活,因此她总在两种生活状态里不停地左右徘徊。

张爱玲悲观苍凉的色调,深深地沉积在她的作品中,使其作品产生了巨大而独特的艺术魅力。但无论她用怎样细腻轻快的文字,写出怎样可笑或传奇的故事,终不免露出悲音。那种渗透着个人身世之感的悲剧意识,使她能与时代生活中的悲剧氛围相通,从而在更广阔的历史背景上臻于深广。

张爱玲所拥有的深刻的悲剧意识,并没有把她引向西方现代派文学那种

人生是一种态度

对人生彻底绝望的境界。个人气质和文化底蕴最终决定了她只能回到传统文化的意境，且不免自伤、自恋，因此在生活中，她时而在世俗的喧嚣中沉浸，时而又陷入极度的寂寞中，最后孤老死去。张爱玲的悲剧人生让我们看到了悲观对一个人的戕害是多么惨重。

四周都是一眼望不到边的沙漠。水已经都喝完了，两个结伴而行的人身陷沙漠中找不到出去的路。水，水，最要紧的是找到水，已经有一个人因为中暑而不能行动了。同伴把一支枪递给中暑者，再三吩咐："你不要走动，枪里有5颗子弹，我走后，每隔两小时你就对空中鸣放一枪，枪声会指引我前来与你会合。"说完，同伴满怀信心地找水去了。

时间一点点过去，还看不到同伴的身影。躺在沙漠里的中暑者开始怀疑：同伴能找到水吗？能听到枪声吗？他会不会丢下自己这个"包袱"独自离去？

暮色降临的时候，枪里只剩下一颗子弹了，而同伴还没有回来。中暑者确信同伴抛下他离去了，自己只能等待死亡。他痛苦极了，又害怕极了，他仿佛已经看到沙漠里的秃鹰飞来，狠狠地啄瞎他的眼睛，啄食他的身体……终于，中暑者彻底崩溃了，他拿起枪，将最后一颗子弹射进了自己的太阳穴。

枪声响过不久，同伴提着满壶清水，领着一队骆驼商旅赶来，找到了中暑者温热的尸体。中暑者不是被沙漠的恶劣环境吞没，而是被自己的恶劣心境毁灭了。

其实，很多事情也是这样，乐观情绪总会带来快乐、明亮的结果，而悲观的心理则会使人眼前的一切变得灰暗。

悲观者和乐观者在面对同一个问题时，会有不同的看法。下面是一个两种见解的典型范例。有两个见解不同的人在争论3个问题。

第一个问题——希望是什么？

悲观者说：是地平线，就算看得到，也永远走不到。

乐观者说：是启明星，能告诉我们曙光就在前头。

第二个问题——风是什么？

悲观者说：是浪的帮凶，能把你埋葬在大海深处。

乐观者说：是帆的伙伴，能把你送到胜利的彼岸。

第三个问题——生命是不是花？

悲观者说：是又怎样，开败了也就没了！

乐观者说：是，它能留下甘甜的果。

突然，天上传来了上帝的声音，也问了3个问题：

第一个问题——一直向前走，会怎样？

悲观者说：会碰到坑坑洼洼。

乐观者说：会看到柳暗花明。

第二个问题——春雨好不好？

悲观者说：不好！野草会因此长得更疯！

乐观者说：好，百花会因此开得更艳！

第三个问题——如果给你一片荒山，你会怎样？

悲观者说：修一座坟茔！

乐观者反驳：不！种满山绿树！

于是上帝给了他们两样礼物：

给了乐观者成功，给了悲观者失败。

同样是人，却会有截然不同的人生态度，不同的人生态度会造就截然不同的人生风景，不同的世界观会导致截然不同的人生结局。无论面对怎样的环境，有着怎样的困难，都不能放弃自己的信念，而要自信地迎接生活的挑战，绝不能让悲观挡住了阳光。

悲观的阴云从何而来

现代人越来越容易感染悲观的情绪。悲观的人看不到漫天飘洒的云彩的美丽，而只会一味地担心天会下雨；看不到拳击手被击倒后爬起来的顽强，而只会为他的伤痕累累而心悸。对于这种人，一个很小的打击也足以使他绝望，令他一败涂地。

方方是一个年轻的女孩，但她并没有同龄人的阳光心态，悲观总是萦绕着她，她时常觉得生活没有目标。最近这种情绪越来越强烈，她好像做什么都提不起劲，感觉很孤独，周围的环境也让她觉得很无趣。她也想改变，但又觉得自己能力不够，很消极，于是她越来越自卑，不爱说话，自然也就显得有些孤僻。她也是个爱思考的人，曾用很长一段时间来思考活着的意义，但她发现自己找不到答案。她觉得很迷惘，眼看就要大学毕业了，她不知道以后的路该怎么走。

在心理咨询室里，她对心理医生说："我从小家庭就很不幸，可以说是在同学和邻居的指指点点下长大的。我从小心里就充满了自卑，很封闭、很悲观，导致了我从来不敢主动去交朋友，而别人看我外表冷漠，也不敢和我交流。现在长大了，美丽的外表使我有了不少追求者，也减少了很多自卑。我也爱上了一个男孩，他现在是我的男朋友，可是我总是很悲观，认为我们早晚会分开。他开始还忍着，可现在经常因为这个和我吵，我也知道自己过分了，可我就是悲观。"

方方的烦恼正是一种常见的心理障碍——悲观。悲观是一种有害的心理状态。

美国著名心理学家赛利格曼认为，悲观的人对失败的看法与乐观的人有所不同，具体来说就是：

第一，时间难度上，悲观的人把失败解释成永久性的；而乐观的人则倾向于认为失败是暂时的，下次就会好了。

第二，从空间维度上，悲观的人把失败解释成普遍的，如果某个阶段目标失败了，就会认为自己会在所有目标中都失败；而乐观的人则不会将失败普遍化，他们认为某个目标没实现，只是说明自己在这个方面需要进一步努力，与其他目标无关。

第三，悲观的人倾向于将失败解释为个人原因，认为自己要对失败完全负责。而乐观的人则认为失败虽然有个人原因，但个人的原因不是唯一导火线，有时一些无法抗拒的力量和运气也影响着成败。

赛利格曼的理论向我们提示，只要改变对失败的看法，就能使悲观者有信心去重新面对现实，树立学习、生活的目标。

其实，悲观的心态并不可怕，只要你决定调整自己的心态，一切困难都可以克服。

1．越担惊受怕，就越容易遭灾祸。因此，一定要懂得积极态度所带来的力量，要相信希望和乐观能引导你走向胜利。

2．即使处境危险，也要寻找积极因素。这样，你就不会放弃取得微小胜利的努力。你越乐观，克服困难的勇气就越大。

3．以幽默的态度来接受现实中的失败。有幽默感的人才有能力轻松地克服厄运，排除随之而来的倒霉念头。

4. 既不要被逆境困扰，也不要幻想出现奇迹，要脚踏实地、坚持不懈、全力以赴去争取胜利。

5. 不管多么严峻的形势向你逼来，你都要努力去发现有利的因素。之后，你就会发现自己其实已经有很多小的成功，这样，自信心自然也就增长了。

6. 不要把悲观作为保护你失望情绪的缓冲器。乐观是希望之花，能赐人以力量。

7. 当你失败时，你要想到你曾经多次获得过成功，这才是值得庆幸的。如果10个问题你做对了5个，那么还是完全有理由庆祝一番的，因为你已经成功地解决了5个问题。

8. 在闲暇时间，你要努力接近乐观的人，观察他们的行为。通过观察，你就能培养起乐观的态度，乐观的火种会慢慢地在你内心点燃。

9. 要知道，悲观不是天生的。就像人类的其他态度一样，悲观不但可以减轻，而且通过努力，它还能转变成一种新的态度——乐观。

乐观者眼里没有失败

要想成功，必须首先知道失败的含义，确切地说，成功与失败都无固定的定义，同时又是一个复杂的综合体，它们有待于你去认识、去体会。人生的光荣不在于永不失败，而在于屡仆屡起。只要站起来比倒下去多一次，就是成功。

很多功成名就的人在走向成功的道路上同样经历过挫折与失败的考验。

伟大的科学家爱因斯坦小时候也遭受过同学们和老师的取笑，甚至辱骂。有一次手工课上，老师从学生做的一大堆泥鸭子、布娃娃、蜡水果等作品中拿出一只很不像样的小木板凳，气愤地问："你们谁见过这么糟糕的板凳？我想，世界上不会有比这更糟糕的板凳了。"爱因斯坦回答道："有的。"然后他从书桌里拿出两只更不像样的板凳说："这是我第一次和第二次做的。现在交给老师的是第三次做的，它并不使人满意，但总比这两只强些吧！"

19世纪法国著名小说家莫泊桑初学写作时，把习作送给当时著名的作

人生是一种态度

家福楼拜看。由于写作质量不高，福楼拜不客气地要他把稿子烧掉，并劝他踏踏实实地从学习观察社会的基本功做起。经过长期坚持不懈的努力，莫泊桑终于成为写短篇小说的大师。

罗曼·罗兰是18世纪著名作家、音乐家、社会活动家，他的第一篇小说《童年的恋爱》送给当时一位权威批评家看时也遭到否定。虽然他一时气得把原稿撕得粉碎，但他并没有灰心，而是继续坚持写作，终于成为世界闻名的大作家。

我国著名京剧表演艺术家盖叫天，为了表现武松的英姿，曾在眼皮中间撑两根火柴棒来练习把眼睛睁圆。为了使腿部笔直，他走路时在腿弯处绑上两根削尖的竹筷子。不知经历了多少挫折和失败，不知尝了多少辛酸苦辣，终于练成了戏台上的"活武松"。

挫折和失败，都是成功道路上不可或缺的伴侣。一切挫折和失败，都为成功提供了不可多得的经验教训与契机。一位作家说："对苦难的一次承担，就是自我精神的一次壮大。"每一个有识之士、有志之士，都不应在挫折和失败面前逃遁、沉沦，而应在挫折和失败中崛起、抗争，在挫折和失败中自强不息，才能促使人的精神走向理性、走向成熟。

一位父亲很为他的孩子苦恼。因为他的儿子已经十五六岁了，却一点男子气概都没有。于是，父亲去拜访一位禅师，请他训练自己的孩子。禅师说："你把孩子留在我这里，3个月以后，我一定可以把他训练成真正的男人。不过，这3个月里面，你不可以来看他。"父亲同意了。

3个月后，父亲来接孩子。禅师安排孩子和一个空手道教练进行一场比赛，以展示这3个月的训练成果。

教练一出手，孩子便应声倒地。他站起来继续迎接挑战，但马上又被打倒，他就又站起来……就这样来来回回一共16次。

禅师问父亲："你觉得你孩子的表现够不够男子气概？"

父亲说："我简直羞愧死了！想不到我送他来这里受训3个月，看到的结果是他这么不经打，被人一打就倒。"

禅师说："我很遗憾，因为你只看到了表面的胜负。你有没有看到你儿子那种倒下去又立刻站起来的勇气和毅力呢？这才是真正的男子气概啊！"

我国古代哲人说，境由心造。的确，如果我们想的都是快乐的事情，我们就能快乐；如果我们想的都是悲伤的事情，我们就会悲伤；如果我们在做事情之前想着一定能够成功，那么我们就会充满信心；如果我们满脑子想的都是失败的情形，我们就会失败；如果我们沉浸在自怜里，别人就会有意躲开我们……

所以，我们在遇到困难时应该选择积极的态度，用心去找出问题的根源，然后果断地采取各种措施加以解决，而不是发疯似的在小圈里打转，像一艘在大海中迷失方向的小船。卡耐基说："一个人如果能够在面对困难的时候，在衣襟上插着花，昂首阔步地向前走，那么他就永远不会成为失败者。"

用阳光驱除内心的黑暗

有些人仅仅因为打翻了一杯牛奶或轮胎漏气就神情沮丧、失去控制，这不值得，甚至有些愚蠢，但这种事不是天天在我们身边发生吗？

有一个美国旅行者在苏格兰北部过节的故事。旅行者问一位坐在墙边的老人："明天天气怎么样？"老人看也没看天空就回答说："是我喜欢的天气。"旅行者又问："会出太阳吗？""我不知道。"老人回答道。"那么，会下雨吗？""我不想知道。"老人又回答道这时旅行者已经完全被搞糊涂了。"好吧，"他说，"如果是你喜欢的那种天气的话，那会是什么天气呢？"老人看着美国旅行者，说："很久以前我就知道我没法控制天气了，所以不管天气怎样，我都会喜欢。"

别为你无法控制的事情烦恼，你有能力决定自己对事件的态度。如果你不控制它们，它们就会控制你。

所以别把牛奶洒了当作生死大事来对待，也别为一只瘪了的轮胎苦恼万分，既然已经发生了，就当它们是你的挫折吧。但它们只是小挫折，每个人都会遇到，你对待它的态度才是重要的。不管此时你想取得什么样的成绩，不管是创建公司还是为好友准备一顿简单的晚餐，事情都有可能会弄砸了。如果面包放错了位置，如果你失去了一次升职的机会，预先把它们考虑在内吧。否则，它会毁了你取胜的信心。

一样的事情，可以选择以不同的态度对待。选择往积极的方面想，并做出积极的努力，就一定会看到前方独好的风景。

鲁滨孙太太这样描述她曾有过的经历：

人生是一种态度

美国庆祝陆军在北非获胜的那一天，我接到国防部送来的一封电报，说我的侄儿——我最爱的一个人——在战场上失踪了。过了不久，又来了一封电报，说他已经死了。

我悲伤得无以复加。在那件事发生以前，我一直觉得生命很美好，我有一份自己喜欢的工作，并努力带大了这个侄儿。在我看来，他代表了年轻人美好的一切。我觉得我以前的努力，现在都有很好的收获……然而当我收到了这些电报，我的整个世界都粉碎了，我觉得再也没有什么值得我活下去。我开始忽视自己的工作、忽视朋友，我抛开了一切，既冷漠又怨恨。为什么我最疼爱的侄儿会离我而去？为什么一个这么好的孩子——还没有真正开始他的生活——就死在战场上？我没有办法接受这个事实。我悲痛欲绝，决定放弃工作，离开我的家乡，把自己藏在眼泪和悔恨之中。

就在我清理桌子、准备辞职的时候，我突然看到一封我已经忘了的信——从我这个已经死了的侄儿那里寄来的信。那是几年前我母亲去世的时候，他给我写来的一封信。"当然我们都会想念她的，"那封信上说，"尤其是你。不过我知道你会撑过去的，仅以你个人对人生的看法，就能让你撑得过去。我永远也不会忘记那些你教我的美丽的真理：不论活在哪里，不论我们分离得有多么远，我永远都会记得你教我要微笑，要像一个男子汉一样承受所发生的一切。"

我把那封信读了一遍又一遍，觉得他似乎就在我的身边，正在向我说话。他好像在对我说："你为什么不照你教给我的办法去做呢？撑下去，不论发生什么事情，把你个人的悲伤藏在微笑底下，继续过下去。"

于是，我重新回去开始工作。我不再对人冷淡无礼。我一再对自己说："事情到了这个地步，我没有能力去改变它，不过我能够像他所希望的那样继续活下去。"我把所有的思想和精力都用在工作上，我写信给前方的士兵——给别人的儿子们。晚上，我参加成人教育班——要找出新的兴趣，结交新的朋友。朋友们都不敢相信发生在我身上的种种变化。我不再为已经永远过去的那些事悲伤，我现在每天的生活都充满了快乐——就像我侄儿要我做到的那样。

鲁滨孙太太讲完这些话，嘴角泛起一丝笑意。

在曲折的人生旅途上，如果我们需要承受所有的挫折和颠簸，就要学会化解与消释所有的困难与不幸，这样我们才能够活得更加长久，我们的人生之旅才会更加顺畅、更加开阔。

第六章
恐惧是懦弱者的坟墓

恐惧是人生的大敌

　　恐惧是人的情感中难解的症结之一。面对自然界和人类社会,生命的进程从来都不是一帆风顺、平安无事的,总会遭到各种各样的挫折、失败和痛苦。当一个人预料将会有某种不良后果产生或受到威胁时,就会产生一种不愉快的情绪,并为此而紧张不安,程度从轻微的忧虑一直到惊慌失措。现实生活中,每个人都可能经历某种困难或危险的处境,从而体验不同程度的焦虑。恐惧作为一种生命情感的痛苦体验,是一种心理折磨。人们往往并不为已经到来的或正在经历的事而惧怕,而是对结果的预感产生恐慌。人们生怕无助、生怕被排斥、生怕孤独、生怕被伤害、生怕死亡的突然降临;同时,人们也生怕失官、生怕失职、生怕失恋、生怕失亲、生怕声誉的瞬息失落。其实,让我们恐惧的这些东西并没有那么可怕,可怕的是恐惧本身,恐惧比什么东西都可怕。

　　整日游荡在充满各种恐惧的世界里的人会呈现出一副布满焦虑和担忧的脸孔,在他心目中,似乎人生就是永恒的失意。这真是一件令人惋惜的事情!

　　恐惧虽然阻碍着人们力量的发挥和生活质量的提高,但它并非是不可战胜的。只要人们能够积极地行动起来,在行动中有意识地纠正自己的恐惧心理,那它就不会再成为我们的威胁了。

　　如果一个人面对令他恐惧的事情时总是这样想:"等到没有恐惧心理时再来做吧,我得先把害怕退缩的心态赶走才可以。"这样做的结果往往是把精神全浪费在消除恐惧感上。

恐惧纯粹是一种心理现象，是一个幻想中的怪物，一旦我们认识到这一点，我们的恐惧感就会消失。如果我们都被正确地告知没有任何臆想的东西能伤害到我们，如果我们的见识广博到足以明了没有任何臆想的东西能伤害到我们，那我们就不会再感到恐惧了。

弱者的害怕，是在害怕中充满疑虑；强者的害怕，是在害怕中仍然充满自信。

害怕是人的正常情绪，压抑自己的害怕只会令你更加手足无措；你可以害怕，但是不能输给眼前的敌人。

马克·富莱顿说："人的内心隐藏任何一点恐惧，都会使他受到魔鬼的利用。"美国著名作家、诺贝尔文学奖获得者福克纳说："世界上最懦弱的事情就是害怕，应该忘了恐惧感，而把全部身心放在属于人类情感的真理上。"爱因斯坦说："人只有献身社会，才能找出那实际上是短暂而有风险的生命的意义。"

循着哲人们的脚步，聆听他们智慧的声音，我们还有什么可以恐惧的理由？

勇敢的思想和坚定的信心是治疗恐惧的良药，它能够中和恐惧思想，如同化学家通过在酸溶液里加一点碱，就可以破坏酸的腐蚀性一样。当人们心神不安时，当忧虑正消耗着他们的活力和精力时，他们是不可能获得最佳效率的，是不可能事半功倍地将事情办好的。

所有的恐惧在某种程度上都与人自己的软弱感和力不从心有关，因为此时他的思想意识和他体内的巨大力量是分离的。一旦他开始心力交融，一旦他重新找到了让他自己感到满意和大彻大悟的那种平和感，那么，他将真正体味到做人的荣耀。感受到这种力量和享受到这种无穷力量的福祉之后，他便绝对不会满足于心灵的不安和四处游荡，绝对不会满足于萎靡不振的状态。

在不安、恐惧的心态下仍勇于作为，是克服神经紧张的处方，能使人在行动之中获得活力与生气，渐渐忘却恐惧心理。只要不畏缩，有了初步行动，就能带动第二、第三次的出发，如此一来,心理与行动都会渐渐走上正确的轨道。

恐惧产生的结果多是自我伤害，它不仅让你丧失自信心或战斗力，还能使人被根本不存在的危险伤害。与恐惧相反，勇气和镇定能使人变得强大，能减少或避免危害。所以，在面对危险的时候，一定要临危不乱，牢记勇者无惧的箴言,这样你才能从容面对生活并且走向成功。

直面恐惧才能战胜恐惧

尼克里为了领略山间的野趣,一个人来到一片陌生的山林,左转右转,迷失了方向。正当他一筹莫展的时候,迎面走来了一个挑山货的美丽少女。

少女嫣然一笑,问道:"先生是从景点那边迷路的吧?请跟我来吧,我带你抄小路往山下赶,那里有旅游公司的汽车在等着你。"

尼克里跟着少女穿越丛林,阳光在林间映出千万道漂亮的光柱,晶莹的水汽在光柱里飘飘忽忽。正当他陶醉于这美妙的景致时,少女开口说话了:"先生,前面一点就是我们这儿的鬼谷,是这片山林中最危险的路段,一不小心就会摔进万丈深渊。我们这儿的规矩是路过此地,一定要挑点或者扛点什么东西。"

尼克里惊问:"这么危险的地方,再负重前行,那不是更危险吗?"

少女笑了,解释道:"只有你意识到危险了,才会更加集中精力,那样反而会更安全。这儿发生过好几起坠谷事件,都是迷路的游客在毫无压力的情况下一不小心摔下去的。我们每天都挑东西来来去去,却从来没人出事。"

尼克里冒出一身冷汗,对少女的解释十分怀疑。他让少女先走,自己去寻找别的路,企图绕过鬼谷。

少女无奈,只好一个人走了。尼克里在山间来回绕了两圈,也没有找到下山的路。

眼看天色将晚,尼克里还在犹豫不决。夜里的山间极不安全,在山里过夜,他恐惧;过鬼谷下山,他也恐惧;况且,此时只有他一个人。

后来,山间又走来一个挑山货的少女。极度恐惧的尼克里拦住少女,让她帮自己拿主意。少女沉默着将两根沉沉的木条递到尼克里的手上。尼克里胆战心惊地跟在少女身后,小心翼翼地走过了这段"鬼谷"路。

过了一段时间,尼克里故意挑着东西又走了一次"鬼谷"路。这时,他才发现"鬼谷"没有想象中那么"深",最"深"的是自己想象中的"恐惧"。

很多人都会对"不可能"产生一种恐惧,绝不敢越雷池一步。因为太难,所以畏难;因为畏难,所以根本不敢尝试;不但自己不敢去尝试,认为别人也做不到。

困境中，如果你认为自己完了，那你就永远失去了站立的机会。

一旦勇于面对恐惧之后，绝大多数人立刻就会醒悟：自己拥有的能力竟然远远超过原来的想象！

无论你内心感觉如何，你都要摆出一副赢家的姿态。就算你落后了，保持自信的神色，仿佛成竹在胸，也会让你心理上占尽优势，而终有所成。

不要因为恐惧而不敢去尝试，其实人人都是天生的冒险家。从你出生的那一时刻起到5岁之间，人生第一个5年里，是冒险最多的阶段，而且学习能力也比以后更强、更快。

难以想象，在我们的懵懂阶段，整天置身于从未经验过的环境中，不断地自我尝试，学习如何站立、走路、说话、吃饭，等等。在这个阶段的幼儿，无视跌倒、受伤，把一切冒险当作理所当然，也正因为如此，幼儿才能逐渐茁壮成长。

当人的年龄不断增长，经历过许多事情之后，就会变得愈来愈胆小，愈来愈不敢尝试冒险。这是为什么？

其实这是个很简单的道理，大多数人根据过往的经验得知，怎么做是安全的，怎么做是危险的，如果贸然从事不熟悉的事，很可能会对自己产生莫大的威胁。随着年龄的增长，他们越来越安于现状，越来越害怕改变。

行为科学家把这种心态称之为"稳定的恐惧"，也就是说，因为害怕失败，所以恐惧冒险，结果观望了一辈子，始终得不到自己想要的东西。殊不知，凡是值得做的事情多少都带有风险。

危险常常与机会结伴而行。如果听听有成就者的说法，就不难理解一个人在获得成功前，为什么多会遭遇到挫折。一时的挫败并不表示一生的终结，绝不能由于害怕而踌躇不前。为了成功，失败是难以避免的，只要能从失败中吸取教训，此后该怎么做，心里必然一清二楚。

只有直面恐惧，不怕冒险，才能打破恐惧，走向成功。

但由于恐惧心理作祟，很多人宁可躲到一边，远离机会，也不愿意去冒险。恐惧心理有很多类型：担心事情发生变化；害怕遭遇未知的问题；因放弃安定的收入而感到不安，等等。总之，他们认为失败是一件可怕的事。

如果能按照以下几点去做，恐惧将不再发生。

1. 要有必胜的信心

只有自己才能保证自己的将来。工作需按部就班，生意虽有成有败，但知识或经验的价值却永不会消失。一个人只要有信心，无论遭遇什么情况，都不致一筹莫展，而且信心是谁都夺不走的。

小成就的累积，可以培养更大的信心。一个人应该认真地自我反省，努力改进，以建立信心，如此才能在遭遇阻碍时，最大限度地发挥潜力。

2. 冲破恐惧心理

面对伴随冒险的机会时，内心的恐惧就会对你说："你绝对办不到。"

祛除恐惧的办法只有一个，那就是往前冲。假如对机会心怀恐惧，你更应强迫自己去面对它。一旦获得机会，向前迈进，以后碰上更好的机会时，你就不会恐惧了。

3. 不怕失败，勇于接受挑战

如果毅然接受挑战，至少你可以学到一些经验，增长自己的见识。不要怕失败，也不可因此而一蹶不振。敢向中流游去，即使不能立刻获得成功，一定也能学到宝贵的经验，成功只是时间问题而已。一个人只要肯尽力学习，成功的机会就会逐渐增加。

直面恐惧，让自己成为一个冒险家，人生便不再充满黑暗。敢于争取、敢于斗争，你才能给自己争取到成功境界里的一席之地。如果你无法战胜自己的恐惧心理，成功也就永远与你无缘。所以，不要害怕，去勇敢面对荆棘坎坷吧，这样你才会活得有声有色。

用勇气的利剑刺穿恐惧的黑暗

许多人简直对一切都怀着恐惧之心：他们怕风，怕受寒；他们吃东西时怕有毒，经营商业时怕赔钱；他们怕人言，怕舆论；他们怕困苦的时候到来，怕贫穷，怕失败，怕收获不佳，怕雷电，怕暴风……他们的生命，充满了怕，怕，怕！

当一个人的思想随着恐惧的心情而起伏不定时，干任何事情都不可能收到功效。在实际生活中，真正的痛苦其实并没有想象中那么大。那些使得我们未老先衰、愁眉苦脸的事情，那些使得我们步履沉重、面无喜色的事情，实际上并没有发生。

恐惧消耗人们的精力，损害和破坏人们的创造力。心存恐惧的人是无法充分发挥其应有才能的，他只会使自己无法做到最好。如果处境困难，他就会束手无策，焦虑不安。这时，他需要拿起勇气的利剑，刺穿恐惧的黑暗。

勇气是一切时代伟大奇迹的创造者。无论你做什么，首先要鼓起勇气。不要问怎么办、为什么或什么时候，而一定要全力以赴，一定要有勇气。

在19世纪50年代的美国，有一天，黑人家里的一个10岁的小女孩被母亲派到磨坊里向种植园主索要50美分。

园主放下自己的工作，看着那黑人小女孩敬而远之地站在那里，便问道："你有什么事情吗？"黑人小女孩没有移动脚步，怯怯地回答说："我妈妈说想要50美分。"

园主用一种可怕的声音和斥责的脸色回答说："我绝不给你！你快滚回家去吧，不然我用锁链锁住你。"说完继续做自己的工作。

过了一会儿，他抬头看到黑人小女孩仍然站在那儿不走，便掀起一块桶板向她挥舞道："如果你再不滚开的话，我就用这桶板教训你。好吧，趁现在我还……"话未说完，那黑人小女孩突然像箭镞一样冲到他前面，毫不畏惧地扬起脸来，用尽全身气力向他大喊："我妈妈需要50美分！"

慢慢地，园主将桶板放了下来，手伸向口袋里摸出50美分给了那黑人小女孩。她一把抓过钱去，便像小鹿一样推门跑了。园主目瞪口呆地站在那儿回顾这奇怪的经历——一个黑人小女孩竟然毫无惧色地面对自己，并且镇住了自己，在这之前，整个种植园里的黑人们似乎还从未敢想过。

"跟生活的粗暴打交道，碰钉子，受侮辱，自己也不得不狠下心来斗争，这是好事，使人生气勃勃的好事。"正是勇气的支撑，使身体单薄的小女孩选择了抗争。"应当惊恐的时候，是在不幸还能弥补之时；在它们不能完全弥补时，就应以勇气面对它们。"

在著名女作家乔治·艾略特的经历之中，人们终于知道了她为什么没有与赫伯特·斯宾塞结婚。那不是她的错，因为她非常爱他，非常想与他结婚。他们有很多共同之处，他也追求她很多年，很多人都以为他们将要结婚。

有一天，斯宾塞用抛硬币来决定是否结婚，如果是正面就结婚，如果是反面就不结婚。结果硬币是反面，他决定不结婚。这个决定虽然称不上残酷，却有点草率。当然，这也深深地伤害了艾略特，因为她深深地爱着他，也期待着他的爱。她很痛苦。

在心碎数月之后，她写信给一位朋友说："我很好，很'勇敢'，我本来想把这个词换成'快乐'的。"当然，她也是幸运的，如果她自己有所察觉的话。斯宾塞像一头蠢猪一样冷酷、抽象而又易怒。如果他们结婚，她所受到的痛苦可能更大，更不用说斯宾塞常年有病了。

实际上，这可以称得上是一种幸运的解脱方式。斯宾塞的个性僵硬，很多人认为他的哲学也是僵硬的。毕竟，离她而去的是一个居然会用抛硬币来决定自己终身大事的家伙。这样的行为，如果不是出于自私，他的心理肯定有问题。由于斯宾塞一生未婚，可以说，对于其他女性来说，这也是幸运的。

当我们知道"勇气"可以代替"快乐"时，我们是幸运的，因为它揭示了生活中的一个事实。虽然我们失去了一些东西，但是，我们同时也有所得。快乐是不可捉摸的，在我们的面前忽隐忽现。当我们追寻它时，它却不在那里，我们必须费尽心思去寻找它，它是非常害羞和狡猾的。

恐惧虽然阻碍着人们力量的发挥和生活质量的提高，但它并非是不可战胜的。只要人们能够积极地行动起来，在行动中有意识地纠正自己的恐惧心理，那它就不会再成为我们的威胁了。

正像乔治·艾略特面对失恋的痛苦一样，伟大的胸怀应该表现出这样的气概——用笑脸来迎接悲惨的厄运，用百倍的勇气来应付一切的不幸。勇气在哪里，成功就在哪里；勇气在哪里，生命就在哪里。在勇气的天空下，我们才能美丽地活着……

少一点恐惧，多一些乐趣

刘畅工作的地方与一所大学很近，每到吃饭时间他就会到校园食堂里就餐。那是朋友介绍的，刘畅按既定的路线找到食堂。可是那里的消费实在是太高了。刘畅想："这里肯定还会有别的可以就餐的地方，而且价格肯定要低！"可是刘畅一连4天都不敢向坐在他旁边的本校学生询问，怕暴露他校外人员的身份。刘畅每天像贼一样吃完饭后，悄悄溜走，心痛着口袋里的钱像流水一样流进别人的腰包。

　　一天，刘畅的一位朋友来找他，他提议两人在校园里参观一下。于是他带着饱满的精神在校园里行走，他热情勇敢地向女学生打招呼问路，当行人注目着他们时，他甚至洋洋得意起来。他们花了不到30分钟将校园参观了一遍，收获很大：知道了校园医院在哪里，在哪里可以娱乐，哪里的小卖铺东西便宜，他们还发现了可以大饱口福而不用太花钱的地方。

　　从此以后，刘畅明白了一个道理，多表现一下自己可以省很多钱，张口说话并不像原来想象的那么恐惧，而且能让你得到很多乐趣。

　　你可能会认为一位60岁的女士买摩托车是在逞强，但玛丽却决定这样做了。

　　"买它到底干什么？"亲戚、朋友不满地问。

　　"去探路。"玛丽告诉他们。

　　"开着小车照样可以做同样的事情。"他们说。

　　"是的，但我怎能随时停车，去欣赏遍地的野花和倾听小溪的私语呢？"玛丽回答说。

　　"你会出事的。"他们说。

　　当然，骑摩托车很危险。玛丽一位朋友的经历对此最具说服力：她曾骑车摔进水坑，付出了折断胳膊的代价；另外有位寡妇在返校途中，跌入了深坑，并因此不敢再出现在讲台上，怕年轻的学生嘲笑。"也许会这样。但这正是我还未驾过轻骑的原因。我决定尝试一下。"玛丽用自己的理由回答他们的好心。

　　为了好好练习一番，必须得找块安全的场地。玛丽发现了一条石板小径，周末时，她常可独自享有这条小路。每当她对摩托车感到厌烦时，便下车慢悠悠地转一圈，而后便开足马力返回。她的驾驶技术每天都有些长进。玛丽驱车慢行时，常常乐得哈哈大笑，没想到这样无忧无虑、自由地闯入风中会是这般兴奋。

　　邻居们似乎对此也渐渐产生了兴趣。玛丽骑车经过他们时，他们微笑着招手致意。头一次，她以为是因为自己的头盔、变色镜、长手套和身着皮夹克的"全副武装"模样看起来很有趣。但此后，她从他们脸上看到的，都是热情和对冒险行为的羡慕。

　　冒险应在占有知识的基础上进行，适度的冒险精神是克服恐惧的良药。其实，恐惧只是一个幻想中的怪物，没有任何臆想的东西能够伤害到我们。

第七章
扔掉依赖的拐杖

依赖令你远离进步

对于成大事者而言，拒绝依赖他人是对自己能力的一大考验。就是说，依附于别人是肯定不行的，因为这是把命运交给别人，而失去做大事的主动权。

有些人遇到什么事、什么人，首先想到的是别人怎么看、怎么想，在做什么事的时候总是追随别人、求助别人，这就是对别人的依赖。别人说什么就是什么，别人做了以后自己才敢去做，凡事不相信自己，不能自作主张，不能自己决断，这也是对别人的依赖。这样的人，在家中依赖父母、兄弟、爱人，在外面依赖上司、同事，一天不依赖，他就一天也做不了人。要是没有人在他的身边，他会不知所措，变得紧张、慌乱，失去方向。这样的人，是人格没有成熟、没有健全的人，是身体懒惰和心理懒惰的人。

很多人都以为他们永远会从别人不断的帮助中获益，却不知一味地依赖他人只会导致懦弱。如果一个人总是依靠他人，将永远也坚强不起来，永远也不会有独创力。人生往往就是这样，要么独立自主，要么埋葬雄心壮志，一辈子老老实实做个普通人。

一个登山者一心一意想登上世界第一高峰。在经过多年的准备之后，他开始行动。但是，由于他希望完全由自己独得全部的荣耀，所以他决定独自出发。他开始向上攀爬，时间已经有些晚了，然而，他非但没有停下来准备露营的帐篷，反而继续向上攀登，直到四周变得非常黑暗。山上的夜晚显得格外的黑暗，这位登山者什么都看不见，到处都是黑漆漆的一片，能见度为

人生是一种态度

零,因为月亮和星星又刚好被云层给遮住了。即便如此,这位登山者仍然继续向上攀爬着,就在离山顶只剩下几米的地方,他滑倒了,并且迅速地跌了下去。跌落的过程中,他仅仅能看见一些黑色的阴影,以及一种因为被地心引力吸住而快速向下坠落的恐怖感觉。

他下坠着,在这极其恐怖的时刻,他的一生,不论好与坏,也一幕幕地显现在他的脑海中。

当他一心一意地想着,此刻死亡正在如何快速地接近他的时候,突然间,他感到系在腰间的绳子重重地拉住了他。他整个人被吊在半空中……而那根绳子是唯一拉住他的东西。

在这种上不着天、下不着地、求助无门的境况中,他一点办法也没有,只好大声呼叫:"上帝啊!救救我!"

突然间,天上有个低沉的声音回答他说:"你要我做什么?"

"上帝!救救我!"

"你真的相信我可以救你吗?"

"我当然相信!"

"那就把系在你腰间的绳子割断。"

在短暂的寂静之后,登山者决定继续全力抓住那根救命的绳子。

第二天,搜救队找到了他的遗体,他的尸体已经冻得僵硬,挂在一根绳子上,他的手紧紧地抓着那根绳子——在距离地面仅仅1米的地方。

因为依赖这根"绳子",登山者走向了死亡。如果放开依赖,登山者的命运便可以改写。新生命的诞生是从剪断脐带开始的,生命所受到的最大束缚就来自于它对"绳子"的依赖。人类注定只有靠自己才能获得自由,"你的命运藏在你自己的胸里",如果你依恋那根"绳子",你至死也不会明白为什么自己会那么卑贱地离开这个世界。

依赖他人,我们就会觉得总是会有人为我们做任何事,所以不必努力,结果只能导致人生走向失败。

有些人是在等着从父亲、富有的叔叔或是某个远亲那里弄到钱。有些人是在等那个被称为"运气"、"发迹"的神秘东西来帮他们一把。

从来没有某个等候帮助等着别人拉扯一把等着别人的钱财或是等着运气降临的人能够真正成就大事。生活中最大的危险,就是依赖他人来保障自己。如果一个人依赖他人，他将永远坚强不起来，也永远不会有独创力。雨果曾经写道："我宁愿靠自己的力量打开我的前途，而不愿企求有力者的垂青。"

只要一个人是活着的，他的前途就永远取决于自己，成功与失败都只系于自己身上。而依赖作为对生命的一种束缚，是一种寄生状态。英国历史学家弗劳德说："一棵树如果要结出果实，必须先在土壤里扎下根。同样，一个人首先需要学会依靠自己、尊重自己，不接受他人的施舍，不等待命运的馈赠。只有在这样的基础上，他才可能做出成就。"将希望寄托于他人的帮助，便会形成惰性，失去独立思考和行动的能力；将希望寄托于某种强大的外力上，意志力就会被无情地吞噬掉。

真实人生的风风雨雨，只有靠自己去体会、去感受，任何人都不能为你提供永远的荫庇。你应该掌握前进的方向，把握目标，让目标似灯塔般在高远处闪光；你应该独立思考，有自己的主见，你必须懂得自己解决问题。你不应相信有什么救世主，不该信奉什么神仙或皇帝，你的品格、你的作为，你所有的一切都是你自己行为的产物，并不能靠其他什么东西来改变。

你，就是主宰一切的神灵。一个人，即使驾着的是一匹羸弱的老马，但只要马缰掌握在他的手中，他就不会陷入人生的泥潭。人只有依靠自己，才能配得上最高贵的东西。

人生中，任何人都不能为你提供永远的荫庇，只有你自己能主宰你命运的沉浮。祛除依赖心理，独立面对真实人生的风风雨雨，相信你定能奏响生命雄壮的乐章。

扔掉依赖的拐杖

比尔·盖茨说："依赖的习惯，是阻止人们走向成功的一个绊脚石，要想成大事，你必须把它一脚踢开。只有靠自己的力量取得的成功，才是真正的成功。"

香港巨富李嘉诚的两个儿子李泽钜和李泽楷从美国斯坦福大学毕业后，想在父亲的公司里干一番事业，但被李嘉诚果断地拒绝了："我的公司不需要你们！你们还是自己去打江山，让实践证明你们是否适合到我公司来任职。"

兄弟俩去了加拿大，一个搞地产开发，一个投资银行。他们克服了外人难以想象的困难，把公司和银行办得有声有色，成了商界出类拔萃的人物。

李嘉诚以"冷酷无情"把孩子逼上自立、自强之路，铸造了他们勇敢坚毅、不屈不挠的人格和品性。

很多有识之士认为，把孩子放在可以依靠父亲或是可以指望帮助的地方是非常危险的做法。在一个可以触到底的浅水处是无法学会游泳的。而在一个很深的水域里，孩子会学得更快更好。当他无后路可退时，他就会全力以赴以使自己安全地抵达河岸。

坐在健身房里让别人替我们练习，是永远无法增强自己的肌肉力量的；越俎代庖地给孩子们创造一个优越的环境，好让他们不必艰苦奋斗，就永远无法让他们独立自主，成为一个真正的成功者。

爱默生说："坐在舒适软垫上的人容易睡去。"我们身边有不少人在观望等待，其中很多人不知道自己究竟在等什么，但他们依然盲目地在等某些东西。他们隐约觉得，会有什么东西降临，会有些好运气，或是会有什么机会发生，或是会有某个人帮他们，这样他们就可以在没受过教育、没有充足的准备和资金的情况下为自己获得一个开端，或是继续前进。

事实上，他们错了。只有自强、自立、自尊的人才能打开成功之门。

林肯有一个异姓兄弟名叫詹斯顿，他曾经是一个游手好闲、好吃懒做的人，经常写信向林肯借钱，林肯想了很多办法来教育他。下面是林肯写给詹斯顿的一封信：

亲爱的詹斯顿：

我想我现在不能答应你借钱的要求。每次我给你一点帮助，你就对我说："我们现在可以相处得很好了。"但过不多久，我发现你又没钱用了。你之所以这样，是因为你的行为上有缺点。这个缺点是什么，我想你是知道的。你不懒，但你毕竟是一个游手好闲的人。我怀疑自从上次见到你后，你没有好好地劳动过一整天。你并不完全讨厌劳动，但你不肯多做，这仅仅是因为你觉得从劳动中得不到什么东西。

这种无所事事浪费时间的习惯正是你的困难之所在。这对你是有害的，对你的孩子们也是不利的，你必须改掉这个习惯。以后他们还有更长的生活

第二篇　调整心态　挣脱消极心态的束缚

道路，养成良好习惯对他们很重要。

让他们从一开始就保持勤劳，这要比让他们从懒惰习惯中改正过来容易。

现在，你的生活需要用钱，我的建议是，你应该去劳动，全力以赴地以劳动赚取报酬。

让父亲和孩子们照管你家里的事——备种、耕作。你去做事，尽可能地多挣些钱，或者还清你欠的债。为了保证你的劳动有一个合理的优厚报酬，我答应从今天起到明年5月1日，你用自己的劳动每挣1元钱或抵消1元钱的债务，我愿另外给你1元。

这样，如果你每月做工挣10元，就可以从我这儿再得到10元，那么你做工一月就净挣20元了。你应该明白，我并不是要你到圣·路易斯或是到加利福尼亚的铅矿、金矿去；我是要你就在家乡卡斯镇附近做你能找到的有最优厚待遇的工作。

如果你愿意这样做，不久你就能还清债务，而且你会养成一个不再负债的好习惯，这岂不更好？反之，如果我现在帮你还清了债，你明年照旧背上一大笔债。你说你几乎可以为七八十元钱放弃你在天堂里的位置，那么你把你在天堂里的位置看得太不值钱了，因为我相信如果你接受我的建议，工作四五个星期就能得到七八十元。你说如果我把钱借给你，你就把地抵押给我，如果你还不了钱，就把土地的所有权交给我——简直是胡说！你现在有土地还活不下去，如果你没有土地又怎么过活呢？你一直对我很好，我也并不想对你刻薄。相反，如果你接受我的忠告，你会发现它对你比10个80元还有价值。

你的哥哥

林肯

1848年12月24日

一个人应当学会在社会中自立，不能太依赖别人的帮助。依靠别人的帮助只能满足你的一时之需，真正要在社会中生存下去，还是要靠你自己的力量。

只会蜷伏在母亲翅膀下的雏鹰，充其量不过是只柔弱的"鸡"，它绝不会成为搏击万里云天、俯视苍茫大地的雄鹰。

人要勇于自强自立，不要仰仗父母的保护伞。要相信自己的能力，自己探出一条成才之路来。过多的依附、仰赖，只能造就平庸孱弱、无所作为的凡夫俗子；过分的温存、溺爱，只能消磨人的意志，磨平人的锐气，养育出娇嫩的花朵。

中国历史上也不乏鼓励子女自强自立的有识之士。清代画家郑板桥老年得子，却并不溺爱，而是力促他自立，要求他：

流自己的汗，

吃自己的饭，

自己的事自己干。

靠天靠人靠祖宗，

不算是好汉。

在传统的意识中，人们崇尚出身门第，欣羡继承权，自我创业的意识则非常淡薄。在当今的社会里，长辈们应提供给后代的是"工具箱"，而不是万贯家产。对于有志者来说，确立不依赖父母长辈，一切靠自己独立创业的自立意识，是明智的；若是一切都仰仗父母，做蜷伏在先辈羽翼下的小鸡，是最没出息的。

摆脱一份依赖，你就多了一份自主，也就向自由的生活前进了一些，向成功的目标迈近了一步。

一位教育家曾为青少年摆脱依赖心理提出了以下几点建议：

1. 依赖自己，而不是依赖别人、依赖组织、依赖亲人。一切都靠自己去奋斗、去争取。只有一切依靠自己，才能获得真正的成功。

2. 消除身上的惰性。依赖心理产生的源泉，在于人的惰性。要消除依赖心理，先要消除人身上的惰性。要消除惰性，就得锻炼自己的意志。处理事情的时候，要果敢上前，说做就做，该出手时就出手；还得有灵活的头脑，要善于思考、勤于思考。

3. 要有独立意识，要自己替自己做主。只有自己劳动所得的成果，才是真正属于自己的；只有享受自己的成果，才会有真正的快乐。

4. 要从小事做起，每天都应认真反省，一步一个脚印地去做。任何事情都不可能一下子就做成，都需要慢慢地起步，一步步地积累。这就像是跳高，总需要先慢慢跑几步，然后再快速跑，最后才起跳。

控制了依赖心理之后，一个人才会找到自己的生活目标，找到生活的方向，最终靠自己获得事业的成功。

而只有靠自己取得的成功，才是真正的成功。

自食其力才能赢得尊严

有这样一则故事：

从前，老虎并不像现在这样威风，相反，他是所有动物中最弱小的一个。因为捕捉不到动物，常常是饥一顿，饱一顿。

于是，狮王把所有的小动物都召集起来说："老虎是我们中的一员，我们不能眼睁睁地看着他饿肚子而不管不问。我建议，大家都伸出友谊之手，拉他一把，帮他渡过难关。"

于是，动物们都给老虎送去了好吃的东西，唯有猫什么东西也没有送。

狮王不高兴地对猫说："大家都为老虎送了东西，你怎么什么都不送呢？"

猫说："你们送给他的东西虽然很多，但总有一天会吃完的，我要送给他一件永远吃不完的礼物。"

狮王不屑地说："算了吧，你除了能送几只老鼠外，还能送什么呢？"

猫回答说："以后你会看到的。"

几个月以后，狮王又来到老虎家。好家伙！老虎家里里外外到处都挂着好吃的东西。

狮王问："这些东西都是猫送的？"

"不，"老虎说，"他送的礼物要比这些东西贵重千万倍！"

狮王好奇地问："那究竟是什么东西？"

老虎说："他教我练壮了身体，又教我学会了捕食的本领。"

"噢！"狮王从头到尾把老虎打量了一番说，"难怪你那么崇拜他呢，连衣服也和他穿得一模一样！"

再多的好东西都比不上一身本领。要想在社会上立足，就要摆脱依赖他人的想法，不断提高自身的能力，练就一身谋生的好本领。只有这样，才能为自己赢得尊严。

一年冬天，美国加州的一个小镇上来了一群逃难的流亡者。长途的奔波使他们一个个满脸风尘，疲惫不堪。善良好客的当地人家家生火做饭，款待这群逃难者。镇长约翰给一批又一批的流亡者送去粥食。这些流亡者显然已

人生是一种态度

好多天没有吃到这么好的食物了，他们接到东西，个个狼吞虎咽，连一句感谢的话也来不及说。

只有一个年轻人例外，当约翰镇长把食物送到他面前时，这个骨瘦如柴、饥肠辘辘的年轻人问："先生，吃您这么多东西，您有什么活儿需要我干吗？"约翰镇长想，给一个流亡者一顿果腹的饭食，每一个善良的人都会这么做。于是，他说："不，我没有什么活儿需要你来做。"

这个年轻人听了约翰镇长的话之后显得很失望，他说："先生，那我便不能随便吃您的东西，我不能没有经过劳动，便平白得到这些东西。"约翰镇长想了想又说："我想起来了，我家确实有一些活儿需要你帮忙。等你吃过饭后，我就给你派活儿。"

"不，我现在就做活儿，等做完您的活儿，我再吃这些东西。"那个青年站起来。约翰镇长十分赞赏地望着这个年轻人，但这个年轻人已经两天没有吃东西了，又走了这么远的路，已经疲惫不堪，可是不给他做些活儿，他是不会吃下这些东西的。约翰镇长思忖片刻说："小伙子，你愿意为我捶背吗？"那个年轻人便十分认真地给他捶背。捶了几分钟后，约翰镇长便站起来说："好了，小伙子，你捶得棒极了。"说完就将食物递给年轻人，年轻人这才狼吞虎咽地吃起来。约翰镇长微笑地注视着那个青年说："小伙子，我的庄园很需要人手，如果你愿意留下来的话，那我就太高兴了。"

那个年轻人留了下来，并很快成为约翰镇长庄园的一把好手。两年后，约翰镇长把自己的女儿詹妮许配给了他，并且对女儿说："别看他现在一无所有，可他将来100%是个富翁，因为他有尊严！"

果然不出所料，20多年后，那个年轻人真的成为亿万富翁了，他就是赫赫有名的美国石油大王哈默。哈默穷困潦倒之际仍然自尊、自立的精神，赢得了别人的尊敬和欣赏，也为自己带来了好运。

靠别人的施舍或者资助而生活的人，无法赢得别人的尊重，而他本人也体会不到劳动的价值和快乐。一个人只有自食其力，才能够为自己赢得尊严。因此，我们要摆脱依赖他人的想法，用自己的双手来养活自己。

一个人只有自立才能为自己赢得尊严。一个在穷困中仍然能够保持自立精神，不依靠别人的施舍生活的人，最终必将获得人生的成功。

用自己的脚走自己的路

　　一位父亲和他的儿子出征打仗。父亲已做了将军，儿子还只是马前卒。又一阵号角吹响，战鼓擂响了，父亲庄严地托起一个箭囊，其中插着一支箭，他郑重地对儿子说："这是家传宝箭，佩戴在身边，你将力量无穷，但千万不可抽出来。"

　　那是一个极其精美的箭囊，厚牛皮打制，镶着幽幽泛光的铜边儿，再看露出的箭尾，一眼便能认定是用上等的孔雀羽毛制作的。儿子喜上眉梢，贪婪地推想箭杆、箭头的模样，耳旁仿佛有嗖嗖的箭声掠过，他想象着敌方的主帅应声落马而毙的场景。

　　果然，佩戴宝箭的儿子英勇非凡，所向披靡。当鸣金收兵的号角吹响时，儿子再也禁不住得胜的豪气，完全忘记了父亲的叮嘱，强烈的欲望驱赶着他"呼"的一声就拔出宝箭，试图看个究竟。骤然间他惊呆了——一只断箭，箭囊里装着一只折断的箭。

　　"我一直带着断箭打仗呢！"儿子吓出了一身冷汗，必胜的信念仿佛顷刻间失去支柱的房子，轰然坍塌了。

　　结果不言自明，儿子惨死于乱军之中。

　　拂开蒙蒙的硝烟，父亲拣起那柄断箭，沉重地说道："不相信自己的意志，永远也做不成将军。"

　　那个儿子的悲哀就在于他将自己的性命系于外物，想依赖父亲的宝箭来寻找一种安全感。这种用依赖得来的信念十分脆弱，当依赖的人或物消失时，他的信念就会破灭，他就会走向必然的失败。

　　对我们来说，生活中最大的危险，就是依赖他人来保障自己。"让你依赖，让你靠"，就如同伊甸园中的蛇，总在你准备赤膊努力一番时引诱你。它会对你说："不用了，你根本不需要。看看，这么多的金钱，这么多好玩、好吃的东西，你享受都来不及呢……"这些话，足以抹杀一个人意欲前进的雄心和勇气，阻止一个人利用自身的资本去换取成功的快乐，让你日复一日地在原地踏步，止水一般停滞不前，以至于你到了垂暮之年，终日为一生无为而悔恨不已。

人生是一种态度

　　而且，这种错误的心理还会剥夺一个人本身具有的独立的能力，使其依赖成性，只能靠拐杖而不想自己一个人走。有了依赖，就不想独立，其结果是给自己的未来挖下失败的陷阱。而摆脱依赖的方法其实很简单，就是要学会自己走路，走自己的路。

　　走自己的路就意味着我们遇事要学会自己拿主意，要敢于坚持自己的想法，而不是总让别人替自己出主意或者是受别人言论的影响。明朝名人吕坤特别反对这种没有主见的毛病。他说，如果做事先怕人议论，做到中间一有人提出反对意见，就不敢再做下去了，这不仅说明这个人没有"定力"，也说明其没有"定见"。没有定见和定力，就不是一个独立自主的人。吕坤说，做人做事，首先要能独立思考，明辨是非，选择正确的立场观点。吕坤进一步说，每个人的想法都不会完全一致，我们不能要求人人的看法都与自己相同。因此我们做事要看我们想达到的目标和效果，而不要过于顾虑事前一些人的议论；等你把事情做好了，那些议论自然也停止了。即使事情没做成，但只要是正确的，就是应当作的，论不得成败。

　　意大利著名女影星索菲亚·罗兰就是一个能够坚持自己的想法、很有主见的人。她16岁时来到罗马，要圆她的演员梦。但她从一开始就听到了许多不利的意见。用她自己的话说，就是她个子太高，臀部太宽，鼻子太长，嘴太大，下巴太小，根本不像电影演员，更不像一个意大利式的演员。制片商卡洛看中了她，带她去试了许多次镜头，但摄影师们都抱怨无法把她拍得美艳动人，因为她的鼻子太长、臀部太"发达"。卡洛于是对索菲娅说，如果你真想干这一行，就得把鼻子和臀部"动一动"。索菲娅可不是个没主见的人，她断然拒绝了卡洛的要求。她说："我为什么非要长得和别人一样呢？我知道，鼻子是脸庞的中心，它赋予脸庞以性格，我就喜欢我的鼻子和脸保持它的原状。至于我的臀部，那是我的一部分，我只想保持我现在的样子。"她决定不靠外貌而是靠自己内在的气质和精湛的演技来取胜，她没有因为别人的议论而停下自己奋斗的脚步。她成功了，那些有关她"鼻子长、嘴巴大、臀部宽"等议论都消失了，这些特征反倒成了美女的标准。索菲娅在20世纪即将结束时，被评为这个世纪"最美丽的女性"之一。

　　索菲娅·罗兰在她的自传《爱情与生活》中这样写道："自我开始从影起，我就出于自然的本能，知道什么样的化妆、发型、衣服和保健最适合我。我

第二篇　调整心态　挣脱消极心态的束缚

谁也不模仿。我从不去奴隶似的跟着时尚走。我只要求看上去就像我自己，非我莫属……衣服的原理亦然，我不认为你选这个式样，只是因为伊夫·圣罗郎或第奥尔告诉你，该选这个式样。如果它合身，那很好。但如果还有疑问，那还是尊重你自己的鉴别力，拒绝它为好……衣服方面的高级趣味反映了一个人健全的自我洞察力，以及从新式样选出最符合个人特点的式样的能力……你唯一能依靠的真正实在的东西……就是你和你周围环境之间的关系，你对自己的估计，以及你愿意成为哪一类人的估计。"

索菲娅·罗兰谈的是化妆和穿衣一类的事，但她却深刻地触到了做人的一个原则，就是凡事要有自己的主见，要学会自己拿主意，而"不去奴隶似的"盲从别人。

心理学家认为，一个具有健康人格的人是自由的人，而自由主要体现在这个人能够自主地、有选择地支配自己的行为。这种自主感不是凭空产生的，其中很大一部分来自其少年期对自由支配时间的体验。创造自己的自主空间，可以从下面几方面做起：

1. 遇事先自己拿主意。遇事先想该怎么办，自己做主，然后再听取他人的意见，从中学到解决问题的经验和技巧，这样才能使智力有所增长，从而培养自主的能力。

2. 尝试着培养独立思考的能力。允许自己独自在一定的限度内犯错误，甚至允许自己做错。

3. 当你充满信心去实践自己的主张时，不要太依赖外部的帮助。当你遇到困难时，不要轻易向别人求援或接受他们的帮助，随着你的成长和成熟，你既要培养自己的责任心，又要有越来越多的独立性。你可以逐渐减少对他人的依赖和对他们的约束和服从，你可以有更多的自由去管理自己的事情。

4. 学会从小自己作决定。一旦做出决定，你就必须意识到要对选择的后果负责任。比如，一个人如果在他得到一星期的零花钱的第一天就把它花光了，那么他就必须尝尝那个星期其余几天没有钱的滋味。自主能力往往都是在几次成功与失败的过程中树立起来的，不要太在意失败。

我们的成功之路，是用自己的双脚走出来的；我们的人生舞台，是用自己的行动表现出来的。

能够充分发展一个人的潜能的，不是外援，而是自助；不是依赖，而是自立。如果你总是让其他力量推着才能前行，那么，你的生命意义将归于零。

　　只有坚持自我的独立，用自己的脚走自己的路，才能走出一条属于自己的独特的成功之路。

第八章
抚平一颗浮躁的心

心浮气躁，难于成事

浮躁，乃轻浮急躁之意。一个人如果有轻浮急躁的缺点，是什么事情也干不成的。

有则寓言，说的是宋国有个种田人，为了让自己田里的禾苗长得快一些，就下到田里把禾苗一棵一棵地往上拔。拔完回到家，他对家人说："今天累坏了，我帮助田里的禾苗长高了。"他的儿子听后，忙到田里去看，只见田里的禾苗全都枯萎了。

今天用来比喻强求速成反而坏事的成语"揠苗助长"，就源于这个故事。

急于求成是永远不会获得想要的效果的，只有脚踏实地才能获得最终的成功。

浮躁心理是造成人们做事目的与结果不一致的常见原因。具有浮躁心理的人，一味地追求效率和速度，他们通常是手脚比脑袋快，想到什么做什么，却往往不会考虑结果。他们常常会犯拔苗助长的错误，让自己所做的工作事倍功半，结果只能与成功背道而驰。

小付无论学什么都是半途而废。他曾经废寝忘食地攻读法语，但要真正掌握法语，必须首先对古法语有透彻的了解，而没有对拉丁语的全面掌握和理解，要想学好古法语是绝不可能的。

小付进而发现，掌握拉丁语的唯一途径是学习梵文，因此便一头扑进梵文的学习之中，可这就更加旷日废时了。

人生是一种态度

小付从未获得过什么学位，他所受过的教育也始终没有用武之地，但他的先辈为他留下了一些本钱。他拿出10万美元投资办了一家煤气厂，可造煤气所需的煤炭价钱昂贵，这使他大为亏本。于是，他以9万美元的售价把煤气厂转让出去，开办起煤矿来。可他又不走运，因为采矿机械的耗资大得吓人。因此，小付把在矿里拥有的股份变卖成8万美元，转入了煤矿机器制造业。从那以后，他便像一个内行的滑冰者，在有关的各种工业部门中滑进滑出，没完没了。

他恋爱过好几次，可是每一次都毫无结果。他对一位姑娘一见钟情，十分坦率地向她表露了心迹。为使自己能配得上她，他开始在精神方面陶冶自己。他去一所星期日学校上了一个半月的课，但不久便自动逃遁了。两年后，当他认为问心无愧、可以启齿求婚之日，那位姑娘早已嫁给了一个愚蠢的家伙。

不久他又如痴如醉地爱上了一位迷人的、有5个妹妹的姑娘。可是，当他上姑娘家时，却喜欢上了姑娘的二妹，不久又迷上了姑娘更小的妹妹，到最后一个也没谈成功。

正如小付困惑的那样，为什么自己付出那么多，却终究一事无成呢？答案很简单，小付总是这山望着那山高，急于追求更高的目标，而不懂得在一个既定的目标上下功夫。殊不知，摩天大厦也是从打地基开始的呀。

小付这种浮躁的心态只能导致他最后落个两手空空。

很多历史上的名人也用过求速成的方法，但在追求过程中，又转向了下苦功。例如，宋朝的朱夫子是个绝顶聪明之人，他十五六岁就开始研究禅学。而到了中年之时他才感觉到，速成不是创作良方。于是他坚信"欲速成则不达"这句话，之后狠下苦功，最后才获得了一定的成就。他有一句16字真言："宁详毋略，宁近毋远，宁下毋高，宁拙毋巧。"

为什么当今的人无法做到这一点呢？因为当前更多人信奉的是："随主流而不求本质"，在追求的过程中丧失了自己的目的性，不追求人生最根本的目的，转而追求一些形式上的成功。正如那句话所说的，瞬间的成就可以使人获得短暂的名利，但如果谈起永恒，无非只是皮毛之举。

"涓流积至沧溟水，拳石垒成泰华岑。"这一出自宋代陆九渊《鹅湖教授兄韵》的诗句劝喻人们：涓涓细流汇聚起来，就能形成苍茫大海；拳头大的石头累积起来，就能形成泰山和华山那样的巍巍高山。只要我们勤勉努力，持之以恒，那么不论自身条件与客观条件如何，都能走上成才建业之路。

所以，在生活中如果我们想取得永恒的成功，就必须静下心来，摆脱速成心理的牵制，看清人生最根本的目的，一步一个脚印地走下去。只有这样，我们才能达到自己的目的，最终走上成功的道路。

耐心等待，成功有章可循

在现实生活中，常有人犯浮躁的毛病。他们做事情往往既无准备，又无计划，只凭脑子一热、兴头一来就动手去干。他们不是循序渐进地稳步向前，而是恨不得一锹挖成一眼井，一口吃成胖子。结果呢，必然是事与愿违，欲速则不达。

古时候有兄弟二人，很有孝心，每日上山砍柴卖钱为母亲治病。神仙为了帮助他们，便教他们二人，可用4月的小麦、8月的高粱、9月的稻、10月的豆、12月的雪，放在千年泥做成的大缸内密封49天，待鸡叫3遍后取出，汁水可卖钱。兄弟二人各按神仙教的办法做了一缸。待到49天鸡叫2遍时，老大耐不住性子打开缸，一看里面是又臭又黑的水，便生气地洒在地上。老二坚持到鸡叫3遍后才揭开缸盖，里边是又香又醇的酒，所以"酒"与"洒"字差了一小横。

当然，酒字的来历未必是这样。但这个故事却说明了一个深刻的道理：成功与失败，平凡与伟大，两者之间的距离往往就在一步之间，咬紧牙关向前迈一步就成功了；停住了，泄气了，只能是前功尽弃。这一步就是韧劲的较量，是意志力的较量。

我们的社会，已进入改革开放的兴旺时期，许多新鲜的外来事物都纷纷涌了进来。花花世界的花花事物，难免会对人产生极大的诱惑，而这极大的诱惑，会使人变得浮躁。许多人会想，我为什么不能拥有这些东西呢？别人可以拥有，我为什么不可以呢？

在这样的心态之下，他就浮躁起来，很想自己一下子能取得那么多物质上的东西，能享受到自己以前享受不到的东西。

可是，事情就是这样，你越着急，就越不会成功。因为着急会使你失去清醒的头脑，结果，在你的奋斗过程中，浮躁占据着你的思维，使你不能正确地制订方针、策略以稳步前进。结果呢，自然适得其反。

许多年轻人就是这样，给自己确立了"3年计划"、"5年计划"，下定决心要在3年内赚3000万，5年内成为一个亿万富豪。

这些年轻人之所以制订这样的计划，也许，他们心目中的学习榜样正是李嘉诚。可他们这个时候却忘了，李嘉诚之所以成功，之所以成为华人首富，不是靠什么3年计划、5年计划，他是一步一个脚印，通过几十年而绝不仅仅是几年的奋斗得来的，而他的奋斗也是充满了艰辛与坎坷的。这些艰辛与坎坷，我们现在说起来好像挺轻松，一下子就过去了，而在当时，他是一天一天、一小时一小时、一分一分、一秒一秒地捱过来的。对这分分秒秒的艰辛与坎坷的体味，需要多大的毅力与意志！一个浮躁的人，是不会这么细心地去品味这些滋味的，也许，他们一尝到这样的滋味，就马上退却了。而李嘉诚，作为一个稳健的人，他深知：这样的苦难是必定要经受的，只有经受这些苦难才能赢得最终的甜美。

一个不浮躁的、稳健的人，通常也是一个不断地要求自己、完善自己、使自己不断适应时代与社会变革的人。也只有这样的人，才是最终会取得成功的人。

在这里，浮躁与稳健对于一个人成败的影响，一目了然。

只有不浮躁，才会吃得起成功路上的苦。

只有不浮躁，才会有耐心与毅力一步一个脚印地向前迈进。

只有不浮躁，才会制订一个接一个的小目标，然后一个接一个地实现它，最后走向大目标。

只有不浮躁，才不会因为各种各样的诱惑而迷失方向。

放弃攀比，享受现实的快乐

在一次招聘会上，一个单位在收到的84份大学毕业生自荐表中，发现有5人同时为同一学校的学生会主席，有6人同时为同校同班"品学兼优"的班长。但是走进大学校园里调查一下，发现有人把别人的英语等级考试证

第二篇　调整心态　挣脱消极心态的束缚

书、计算机等级考试证书、奖学金证书、优秀学生干部奖状以及发表过的文章，改头换面复印，就变成了自己的"辉煌经历"……有些大学毕业的女生为了吸引用人单位的注意，更是将自己的简历搞成了豪华本的艺术图片集，以期能够被录用。

当用人单位在慨叹"现在的大学生真是浮躁"时，用人单位应该反过来想一想，自己何尝不是浮躁攀比？要人就要塔尖上的人才，要求一到单位就能文能武，十八般武艺样样能上……最好一挖就挖个宝，能够马上创造出效益，提那么高、那么偏的要求，那不是逼着求职者去涂脂擦粉、造假注水吗？

再看看社会生活的各个侧面，攀比的心态无时不在。有精心制造"皇帝的新衣"的攀比，有"移花接木"、"经济实惠"的攀比，更有信手拈来、"一挥而就"的攀比。投射到每个人身上不外乎是这样的表现：做事情三心二意、朝三暮四、浅尝辄止；或是东一榔头西一棒槌，既要鱼也要熊掌；或是这山望着那山高，静不下心来，耐不住寂寞，稍不如意就轻易放弃，从来不肯为一件事倾尽全力。但究其实质，不外乎是急于求成、渴望结果的超常迫切心态。

现代人的标志，也绝不止于会英语、会驾车、能够在托福考试拿得高分、懂得网络技术、享受名牌服饰，一个人如果没有对现代社会的冷静认识与思考，没有对个体人格的自觉完善以及对其他社会成员的道义关怀，他也不过是个精神上的"现代贫民"而已。

有位哲人说过，与他人比是懦夫的行为，与自己比是英雄。这句话乍一听不好理解，但细细品味，却也有它的道理。

所以，不要把你的生命浪费在和别人对比上，应该跟自己的心灵去赛跑。

有这么一个故事：一个青年总是埋怨自己时运不济，生活不幸福，终日愁眉不展。

这一天，走过一个须发俱白的老人，问他："年轻人，干吗不高兴？"

"我不明白我为什么老是这么穷。"

"穷？我看你很富有嘛！"老人由衷地说。

"这从何说起？"年轻人问。

老人没有正面回答，反问道："假如今天我折断了你的一根手指头，给你1000元,你干不干?"

"不干!"年轻人回答。

"假如斩断你的一只手,给你1万元,你干不干?"

"不干!"

"假如让你马上变成80岁的老翁,给你100万,你干不干?"

"不干!"

"假如让你马上死掉,给你1000万,你干不干?"

"不干!"

"这就对了,你身上的钱已经超过了1000万了呀!"老人说完笑吟吟地走了。

由此看来,那些老与别人进行攀比的人,他们心灵的空间挤满了太多的负累,因此无法欣赏自己真正拥有的东西。

其实我们不必对自己太苛求,我们又怎么知道别人一定比自己好呢?事实上每个人都有令人羡慕的东西,也都有令自己缺憾的东西,没有一个人能拥有世界的全部,重要的在于自己的内心感觉。那些心态平和的人也许生活中物质的享受并不比任何人好,只是他能接受自己,觉得自己好而已。

所以,要懂得欣赏自己的生活,让自己活得随心所欲。你能改变什么让自己感到愉快,那就作一些改变。不过,如果改变会让自己不愉快,那么不管有多少人劝你,也不应该盲从。此外,即使你已经知道改变会让你变得更好,但自己却无力改变的话,也不应该勉强去做,而要原谅自己,欣赏自己所拥有的一切。那些让自己觉得不满意的地方,要尽量忽略过去,毕竟,上帝给了我们不同的肤色、不同的个性,是为了让我们的生活多姿多彩。所以,要接受自己所谓不完美的地方,没有必要勉强自己变得完美。

那些总是抱怨自己不幸的人,不应该用沉重的欲望迷惑自己,不应该总是想着他们还不曾拥有的东西,而要静下心来,放下心灵的负担,仔细品味自己已拥有的一切。当你学会欣赏自己的每一次成功、每一份拥有,你就不难发现,自己竟有那么多值得别人羡慕的地方,幸福之神已在向你频频招手。

所以,我们要用"和自己赛跑,不和别人比较"的生活态度来面对生活。如果我们愿意放下身价,观摩别人表现杰出的地方,从对方的表现看出成功的端倪,收获最多的,其实还是我们自己。不要与别人比华丽的服装,而忽视了自己真正需要提升的东西。

与自己某个阶段所取得的小成功相比，才能更好地看到自己是不是进步了，才能更好地丈量自己的尺寸，所以当你进行比较时，一定要选好对比的标准，而且要让你与对比的对象之间具备一定的联系。

倾听内心宁静的声音

很多时候，我们的内心都为外物所遮蔽、掩饰，浮躁的心态占领了我们的整颗心，因此在人生中留下许多遗憾：在学业上，由于我们还不会倾听内心的声音，所以盲目地选择了别人为我们选定的、他们认为最有潜力与前景的专业；在事业上，我们故意不去关注内心的声音，在一哄而起的热潮中，我们也去选择那些最为众人看好的热门职业；在爱情上，我们常因外界的作用扭曲了内心的声音，因经济、地位等非爱情因素而错误地选择了爱情对象……我们都是现代人，现代人惯于为自己作各种周密而细致的盘算，权衡着可能有的各种收益与损失，但是，我们唯一忽视的，便是去听一听自己内心的声音。

一位长者问他的学生："你心目中的人生美事为何？"学生列出"清单"一张：健康、才能、美丽、爱情、名誉、财富……谁料老师不以为然地说："你忽略了最重要的一项——心灵的宁静，没有它，上述种种都会给你带来可怕的痛苦！"

繁忙紧张的生活容易使人心境失衡，如果患得患失，不能以宁静的心灵面对无穷无尽的诱惑，我们就会感到心力交瘁或迷惘躁动。

唯有心灵宁静，才不眼热权势显赫，不奢望金银成堆，不乞求声名鹊起，不羡慕美宅华第，因为所有的眼热、奢望、乞求和羡慕，都是一厢情愿，只能加重生命的负荷，加剧心力的浮躁，而与豁达康乐无缘。

我们很忙，行色匆匆地奔走于人潮汹涌的街头，浮躁之心油然而生，这也是我们不去倾听内心声音的一个缘由。我们找不到一个可以冷静驻足的理由和机会。现代社会在追求效率和速度的同时，使我们作为一个人的优雅在逐渐丧失。那种恬静如诗般的岁月于现代人已成为最大的奢侈和批判对象。内心的声音，便在这种繁忙与喧嚣中被淹没。物的欲望在慢慢吞噬人的性灵和光彩，我们留给自己的内心空间被压榨到最小，我们狭隘到已没有"风物长宜放眼量"的胸怀和眼光。我们开始患上种种千奇百怪的心理疾病，心理医生和咨询师在我们的城市也渐渐走俏，我们去求医、去问诊，然后期待在内心喑哑的日子里寻求心灵的平衡。

老街上有一位老铁匠。由于早已没人需要打制铁器，现在他改卖铁锅、斧头和拴小狗的链子。他的经营方式非常古老和传统，人坐在门内，货物摆在门外，不吆喝，不还价，晚上也不收摊。你无论什么时候从这儿经过，都会看到他在竹椅上躺着，手里是一个半导体，身旁是一把紫砂壶。

他的生意也没有好坏之说。每天的收入正够他喝茶和吃饭。他老了，已不再需要多余的东西，因此他非常满足。

一天，一个文物商从老街上经过，偶然看到老铁匠身旁的那把紫砂壶，因为那把壶古朴雅致，紫黑如墨，有清代制壶名家戴振公的风格。他走过去，顺手端起那把壶。

壶嘴内有一记印章，果然是戴振公的，商人惊喜不已。因为戴振公在世界上有捏泥成金的美名，据说他的作品现在仅存3件，一件在美国纽约州立博物馆里；一件在中国台湾故宫博物院；还有一件在泰国某位华侨手里，是1993年在伦敦拍卖市场上以16万美元的拍卖价买下的。

商人端着那把壶，想以10万元的价格买下它。当他说出这个数字时，老铁匠先是一惊，后又拒绝了，因为这把壶是他爷爷留下的，他们祖孙三代打铁时都喝这把壶里的水，他们的汗也都来自这把壶。

壶虽没卖，但商人走后，老铁匠有生以来第一次失眠了。这把壶他用了近60年，并且一直以为是把普普通通的壶，现在竟有人要以10万元的价钱买下它，他转不过神来。

过去他躺在椅子上喝水，都是闭着眼睛把壶放在小桌上，而现在把茶壶放到桌上后，他总要坐起来再看一眼，这让他非常不舒服。特别让他不能容忍的是，当人们知道他有一把价值连城的茶壶后，蜂拥而至，有的问还有没有其他的宝贝，有的开始向他借钱，更有甚者，晚上悄悄跑到他家里，想偷走这把壶。他的生活被彻底打乱了，他不知该怎样处置这把壶。

当那位商人带着20万元现金，第二次登门的时候，老铁匠再也坐不住了。他招来左右店铺的人和前后邻居，拿起一把斧头，当众把那把紫砂壶砸了个粉碎。

现在，老铁匠还在卖铁锅、斧头和拴小狗的链子，据说他已经102岁了。

宁静可以沉淀出生活中许多纷杂的浮躁，过滤出浅薄粗俗等人性的杂质，可以避免许多鲁莽、无聊、荒谬的事情发生。宁静是一种气质、一种修养、一种境界、一种充满内涵的悠远。安之若素，沉默从容，往往要比气急败坏、声嘶力竭更显涵养和理智。

第九章
不要让嫉妒蒙蔽自己的眼睛

嫉妒是痛苦的制造者

　　嫉妒是痛苦的制造者，在各种心理问题中是对人伤害最严重的，可以称得上是心灵上的恶性肿瘤。如果一个人缺乏正确的竞争心理，只关心别人的成绩，同时内心产生严重的怨恨，嫉妒他人，时间一久，心中的压抑聚集，就会形成问题心理，对健康也会造成极大的伤害。

　　因为嫉妒，造成了很多无法挽回的惨剧。有这样一个真实的故事：

　　对信阳山3581高级中学三年级1班409寝室的女生而言，2003年1月21日那个凌晨，无疑是一场噩梦。

　　凌晨2时许，正在香甜的梦中熟睡的8名女生，突然被一声撕心裂肺的惨叫声惊醒。惨叫声是从门边下铺的张静那里发出的。张静不住地喊痛，她原本漂亮的脸变成一片黑色，而且正在发泡，越来越恐怖。大家惊呆了：有人故意用硫酸作恶毁容！

　　医院里，大家痛心地看到，张静那张被硫酸烧灼的面孔令人惨不忍睹。和张静同床的晶晶，左手也被硫酸烧伤，幸运的是，她的伤只是轻微伤。

　　此案发生后，女生宿舍一片惶恐，因为遭硫酸袭击的床位，其实是晶晶的床位。校方赶紧向公安机关报案。河区公安分局成立专案组进驻3581高级中学。3天后，一个女生提供了一条线索。

　　办案人员立即讯问与晶晶同班的女生马娟。马娟坦白说：2003年1月20日中午，她花了8元钱，购买了一大瓶硫酸拿回学校。她要找机会将硫

第二篇　调整心态　挣脱消极心态的束缚

酸泼到晶晶耳朵上，让晶晶尝一尝她的厉害。

当晚，马娟早早睡下。凌晨2时许，她端起装有硫酸的白瓷杯，径直走到409室。409室的门凑巧没锁，她轻轻一推，门开了。当马娟走到晶晶的面前时，该寝室里一位女生正好说起梦话。马娟吓了一跳，以为有人看见她了。知道晶晶和张静同睡一床的她心慌意乱，将硫酸往床上一个人的脸上一泼，转身就逃。身后，传来张静痛苦的惨叫，她一听，就知道泼错人了。

马娟说："因为晶晶比较聪明，比我学习好，1月20日又要考试了，我的压力比较大，决定想办法耽误一下晶晶的学习时间，以免和她的学习成绩相差太远。考虑再三，我选定了泼硫酸这个办法。"

信阳市中级人民法院审理后认为：被告人马娟因嫉妒他人，采用泼硫酸的手段，致一人重伤且造成严重残疾，一人轻微伤。犯罪手段极其残忍，后果特别严重，其行为已构成故意伤害罪。

2003年10月14日，泼硫酸的马娟被法院判处死刑，剥夺政治权利终身。

是什么让马娟铤而走险，用众人皆知的腐蚀性很强的硫酸毁掉了同学如花的脸庞？是嫉妒！如此看来，嫉妒比毒瘤还要可怕。

嫉妒作为人类的弱点，几乎人人都有，只是多与少的不同。这是人性中残存的动物性的一面。据研究者说，许多动物都有嫉妒的本性，比如一只狼会把比它多抢了猎物的同类咬死。一个杂技团驯兽员曾说，一只叫"丽娘"的小狗看到驯兽员接触一只叫"艾玛"的小狗较多时，它竟然嫉妒地把"艾玛"咬死了。尽管我们早已进化成人，但这个"动物性"却似乎与生俱来。当我们还是孩子时，就会因为父母表现出的对其他兄弟姐妹的偏心而心生不快，我们会因他们比自己多吃了一口蛋糕或新穿了一件衣服而生气甚至哭闹。虽然嫉妒是人普遍存在的也可以说是天生的缺点，但我们绝不可因此而忽视它的危害性，特别是当嫉妒已经发展到很严重的地步时，我们内心产生的怨恨会越积越多，时间久了会形成心理问题，会对健康造成极大的伤害。

1. 对心理健康的危害

泛化了的嫉妒是一种病态，表现为人格的偏离。这种病态的人格表现为极度的感觉过敏，思想、行动固执死板，以及坚持毫无根据的怀疑。有病态嫉妒心理的人对别人特别嫉妒，又非常羡慕；对自己过分关心，又无端夸张自己的重要性；把自己的错误或不慎产生的后果归咎于他人，不停地责备和加罪于他人，却原谅自己；总是过多过高地要求他人，但从来不信任别人的动机和意愿，总认为别人心存不良，甚至认为别人对自己耍阴谋。

很显然，这种人格是偏离常态的。在精神病学临床表现上，病人的人格不仅决定了他患病后的行为，而且为其某种精神疾病的发生准备了基础。具有病态的嫉妒的人格偏离往往会使人出现妄想症状，最后发展为偏执型精神病或精神分裂症。

2．对个人发展的危害

嫉妒对个人发展的危害是很明显的。由于人格偏离，这种人常常不信任别人，好嫉妒，好归罪于他人。这必然会影响个体的人际关系和社会职能。从他人的角度看，如果一个人对他不信任，将失败全归罪于他，对他存有嫉妒心，他怎么能与这个人友好相处及合作呢？从个体自己的角度看，不信任别人、嫉妒他人，则不能与团队愉快合作。

嫉妒别人是承认自己不如人

嫉妒表示你对自己不满而羡慕别人，你希望像别人一样有知识，或是更漂亮，或是和别人一样有套大房子、有显赫的权势、有比现在更高的地位，你希望比现在更有成就……由于你希望成为一个和现在不一样的人，比现在更好的人，所以你羡慕别人、嫉妒别人。嫉妒别人实际上是承认自己不如人。

刚刚步入中年的英子每每看见办公室的女秘书小江和单位领导在一起，心中就有一种酸酸的感觉。办公室里的姐妹们也议论，小江现在神气了，跟主任跟得太紧，把我们姐妹们都忘了。她听着同事们的议论，回忆起最近的一件事，感到的确有些可疑。

前几天，单位出了一点小差错，大家都在加班，干得都很辛苦，可是主任在总结会上，谁也没有表扬，唯独表扬了小江，说小江心细，工作责任心强，为单位挽回了重大损失。同事们心里很不服气，都觉得主任有些偏心眼。她也气愤不过，回家后心情不能平静。

于是，她连夜编造了一封关于主任和小江的"桃色"故事信，第二天邮寄出去了。

第二篇　调整心态　挣脱消极心态的束缚

　　过了几天，上级来人把主任叫到会议室谈话。两个小时后，主任走出会议室，满头大汗，眉头紧锁，表情严肃，唉声叹气。英子明白了谈话的原因，躲到卫生间，开心地大笑起来。接着，英子又看到上级单位的人把小江也叫到会议室谈话。一个小时后，英子看到小江出来，好像心事重重的样子，脚步也显得很沉重，内心一阵狂喜。

　　嫉妒往往来源于和他人的比较，一旦认为他人在某方面比自己强，便会时刻想着如何打击、诋毁他人，这样的人不可能专注于自己的事业，而会把所有的精力都放在关注他人的一举一动上。那个被他所嫉妒的对象就像一个长在他心头的刺，这个刺成了他生活的中心，他因此而无法掌控自己的人生方向。

　　嫉妒往往有强烈的排他性，嫉妒心理出现以后，很快就会导致嫉妒行为的产生，例如中伤别人、怨恨别人。而更强烈的嫉妒心理还有报复性，它会使人把嫉妒对象作为发泄的目标，使其蒙受巨大的精神或肉体的损伤。嫉妒心理出现以后，如果不能直接通过某种嫉妒行为达到目的时，就可能会转而等着看嫉妒对象的"好事"，稍有一点挫折或失败出现在嫉妒对象身上时，他们便幸灾乐祸，鼓倒掌、喝倒彩，以此挖苦对方，满足日益膨胀的嫉妒心理需要。如果嫉妒对象遭受到比较大的挫折，他们更是乐不可支，绝不给予半点同情和安慰。实际上，嫉妒心理及相应的嫉妒行为除了暂时地平衡他们的心理之外，毫无可取之处。一方面，身受其害的嫉妒对象会远离这个"作恶多端"的嫉妒者，旁观者也会对嫉妒者的小人行径不满，嫉妒者以前建立的一些人际关系也可能由此变得紧张起来。另一方面，嫉妒者并不是一个胜利者，他们自己也承受着巨大的心理痛苦，在以后的交往活动中也会裹足不前，不敢与那些条件比自己优越的人交往。

　　法国作家拉罗什富科曾说："具有某些伟大品质的人最可靠的标志是生来就没有嫉妒。"每一个专注于自己事业的人，是没有工夫去嫉妒别人的，而好嫉妒的人常常不能把精力集中到自己的生活中，而是投入到一些与自己的生活与工作无关紧要的小事中：比如这个人的生活作风啦，比如那个人的学识啦，比如这个人的穿衣戴帽啦，比如那个人的麻烦啦，甚至某个人脸上的几颗雀斑、头上的一根白发，一旦被这些人发现了，他们也会为此而兴奋不已，并且会故作大惊小怪地议论纷纷：哈哈，原来他也不过如此呀！嫉妒的人总是在不断地对别人的打击中寻找乐趣，以求内心平衡，而他们自己的生活却因此而搞得一团糟。正如古希腊哲学家德谟克利特所说："嫉妒的人常自寻烦恼，这是他自己的敌人。"与其说是别人的成功妨碍了他，倒不如说是他自己的关注点发生了偏离，自愿从生活正常的轨道上滑落而自毁前程。

从本质上说，嫉妒是看到与自己有相同目标和志向的人取得成就而产生的一种非正当的不适感。它是由于羡慕一种较高水平的生活，或者是想得到一种较高的地位，或者是想获得一种较贵重的东西，但自己又未能得到，而身边的人或站在同等位置的人先得到了而产生的一种缺陷心理。

既然已知自己的弱处，既然看到自己与别人的差距，自强的人就该知耻而后勇，更应注意点滴的积累，而不是看着别人的优势眼红。"箭欲长而不在于折他人之箭"，"天外有天，人上有人"，茫茫人海总有人会有一面长于自己。自己比别人差，却不甘心，想要比别人强，正确的做法不是去毁灭、扼杀别人，而应该是提高自身的价值与素养。"别人能做到，我为什么不能做到？"只有具备这样的想法，才能迎头赶上，进而后来居上。

对待别人长处、优势的正确方法是，不让别人发觉自己在羡慕他，进而暗暗下定决心，迎头赶上，甚至超越对方。

祛除嫉妒的毒瘤

大千世界、纷繁复杂，由于天分和境遇的不同，人难免分出个三六九等，或飞黄腾达、意气风发，或穷困潦倒、默默无闻。但芸芸众生中，总有那么一些人虽技不如人，对别人的成绩却嗤之以鼻，"妒人之能，幸人之失"，从而上演了一场场丑陋的嫉妒闹剧。在现实生活中，这种闹剧依然"长盛不衰"，为了别人评上比自己高的职称而指桑骂槐，为了某人得到领导的厚爱而愤愤不平，为了别人的生活条件比自己好而郁郁寡欢，给本已不大平静的生活平添了许多烦恼和纷扰。

嫉妒是腐蚀人心灵的一剂毒药。有嫉妒之心者，往往自高自大，看不起别人，置别人的成绩于不顾，贬他人的才干如草芥。而当别人取得一些成绩时，他的心理便会失去平衡，总会千方百计地对那些优于自己的人制造出种种麻烦和障碍：或打小报告，无中生有，唯恐天下不乱；或做扩音器，把一件小小的事情闹得满城风雨。"既生瑜，何生亮"的悲叹却依然盘桓在嫉妒者的心里。

弗朗里斯·培根说过："犹如毁掉麦子的莠草一样，嫉妒这恶魔总是暗地里悄悄地毁掉人间美好的东西！"

嫉妒进入人的内心，就变成一个煽阴风、点鬼火的小鬼，让你如周郎一般，虽"少年得志"却"一命呜呼"，引你走进狭隘的深谷。

嫉妒是扼杀圣贤的刽子手，它会使人变得不择手段，以达到不可告人的目的，这是人类最丑恶的一面。

嫉妒之心其实人人都有，但我们不能由此跌入嫉妒的深渊，那样，我们会显得异常卑劣。

所谓"君子坦荡荡，小人长戚戚"，嫉妒他人的人心中永远无法清净明朗，他们会每天心事重重、郁郁寡欢，因为嫉妒者也当属小人之列。

其实，我们不必为自己的技不如人而焦虑、悲叹。要知道："梅须逊雪三分白，雪却输梅一段香。"每个人都有自己的长处，也有自己的短处，为何非拿自己的短处与他人的长处相比，自添抑郁？嫉妒他人者完全可以化"嫉妒"为动力，用自己的奋斗和努力去消除与他人之间的差距，甚至超过他人。

罗素在谈到嫉妒时曾说："嫉妒尽管是一种罪恶，它的作用尽管可怕，但并非完全是一个恶魔。它的一部分是一种英雄式的痛苦的表现；人们在黑夜里盲目地摸索，也许走向一个更好的归宿，也许只是走向死亡与毁灭。要摆脱这种绝望，寻找康庄大道，文明人必须像他已经扩展了他的大脑一样，扩展他的心胸。他必须学会超越自我，在超越自我的过程中，学得像宇宙万物那样逍遥自在。"化解嫉妒心理，祛除这颗毒瘤的良方是：

1. 自我认知，客观评价自己和他人

要正确地认识自我，评价别人。"金无足赤，人无完人"，一个人限于主客观条件，不可能万事皆通，样样比别人好，时时走在别人前面。要接纳自己，认识自己的优点与长处，也要正确地评价、理解和欣赏别人。在嫉妒心理给自己的精神带来一些烦恼与不安时，不妨冷静地分析一下嫉妒的不良作用，同时正确地评价一下自己，从而做到有"自知之明"。只有正确地认识了自己，才能正确地认识别人，这样嫉妒的锋芒就会在正确的认识中钝化。

2. 开阔心胸，宽厚待人

19世纪初，肖邦从波兰流亡到巴黎。当时匈牙利钢琴家李斯特已蜚声乐坛，而肖邦还是一个默默无闻的小人物。然而李斯特对肖邦的才华却深为赞赏。怎样才能使肖邦在观众面前赢得声誉呢？李斯特想了个妙法：那时候在演奏钢琴时，往往要把剧场的灯熄灭，一片黑暗，以便使观众能够聚精会神地听演奏。李斯特坐在钢琴面前，当灯一灭，就悄悄地让肖邦过来代替自己演奏。观众被美妙的钢琴演奏征服了。演奏完毕，灯亮了。人们既为出现了这位钢琴演奏的新星而高兴，又对李斯特推荐新秀的胸怀深表钦佩。

3. 学会正确的比较方法

一般说来，嫉妒心理较多地产生于原来水平大致相同、彼此又有许多联系的人之间。特别是看到那些自认为原先不如自己的人都冒了尖，嫉妒心便油然而生。要想消除嫉妒心理，必须学会运用正确的比较方法，辩证地看待自己和别人。要善于发现和学习对方的长处，纠正和克服自己的短处，而不是以自己之长比别人之短。

4. 充实自己的生活，寻找新的自我价值，使原先不能满足的欲望得到补偿

当别人超过自己而处于优越地位时，你应当扬长避短，寻找和开拓有利于充分发挥自身潜能的新领域，以便能"失之东隅，收之桑榆"。这会在一定程度上补偿你先前未满足的欲望，缩小与嫉妒对象的差距，从而达到减弱以至消除嫉妒心理的目的。例如，某人虽无真才实学，却善于钻营，官运亨通，成为你的上司。对此，你大可不必猝发妒情，而应发挥自己的专长，在业务上刻苦钻研，精益求精，这样过不了多久，你同样可以令别人刮目相看。

5. 升华嫉妒，化嫉妒为动力

不管是在学校，还是在工作单位，每个人都要在具有竞争的环境中客观地对待自己。不要把比自己优秀的同学或同事当成与自己有竞争关系的对手，而要将其当成自己前进的动力。学会赞美别人，把别人的成就看作是对社会的贡献，而不是对自己权利的剥夺或对自己地位的威胁。将别人的成功当成一道美丽的风景来欣赏，你在各方面将会达到一个更高的境界。

总之，如同钢铁被铁锈腐蚀一样，人很容易被嫉妒折磨得遍体鳞伤，我们要时刻提防它对我们心灵的腐蚀，远离它，从而获得内心的自由与超脱。

用欣赏代替嫉妒

现代社会，不可避免地存在竞争。生活中几乎每个人都有对手，对手可能是你的同学、你的朋友、你的敌人。采用什么样的态度去对待你的竞争对手，看起来是一件小事，却决定了一个人的成败。换句话说，适当的竞争能够促进一个人快速成长，并促进一个人各方面不断成熟起来。这一切的关键是你对竞争对手持什么样的态度。

每个人都会或多或少存在一些嫉妒心，无法正确面对那些比我们优秀的人，这一点正是阻挡大多数人迈向成功的绊脚石。

西方有一句谚语："好嫉妒的人会因为邻居的身体发福而越发憔悴。"所以，好嫉妒的人总是40岁的脸上就写满50岁的沧桑。嫉妒不仅会影响到我们的健康与生活，更重要的是，嫉妒会影响到我们的工作心情，是我们职业发展过程中最大的心理障碍。

嫉妒是精神方面的疾病，它会使你精神瘫痪，使你无法实现真正自我。专治嫉妒的良方就是，一旦察觉这种消极情绪的侵扰，你就必须迅速做出明智的决断，树立起你的自信心。这是才智和谦恭的开端，是宽恕自己以往的过失并从中振作奋起的开端。

尤其在生气的时候，你要冷静地思考分析，不要被嫉妒心冲昏了头脑而伤了和气。如果别人的嫉妒能把你打倒，这说明你虽然可能是优秀的，却不是最优秀的，在意志上更算不上优秀。

有了竞争对手，不用整天盘算着要如何打击对方，你可以从欣赏的角度，处处学习对手，并以对手的标准来要求自己，这样你才能成为真正的胜者。事实上，欣赏对方比打击对方更有效。

金无足赤，人无完人，谁都会有自己的缺点。相反，"尺有所短，寸有所长"，每个人也都有自己的优点。我们只有能够欣赏别人，善于发现别人的优点，才能好好地利用这些优点为自己服务。

拿破仑一生中指挥过众多大战役，并屡屡得胜，一个重要原因就是他善于用人。拿破仑懂得，人总是各有所长，各有所短，因此，他选拔将才从不要求十全十美。他善于发现别人的优点和长处，并懂得如何利用它来为自己服务。按这一原则，他果断地选择了贝赫尔做他的参谋长。他说："贝赫尔缺乏果断的意志，完全不适于指挥任务，却具有参谋长的一切素质。他善于看地图，了解一切搜索方法，对于最复杂的部队调动是内行。"这样的人，对一切都喜欢自作决定的拿破仑来说，无疑是一位最理想的参谋长。

钢铁大王安德鲁·卡内基曾经亲自预先写好他自己的墓志铭："长眠于此地的人懂得在他的事业过程中起用比他自己更优秀的人。"

大部分美国人都有一种特长，就是善于发现别人的优点，并能够吸引一批才识过人的良朋好友来合作，激发共同的力量。这是美国成功者最重要的、也是最宝贵的经验。

任何人如果想成为一个企业的领袖，或者在某项事业上获得巨大的成功，首要的条件是要有一种鉴别人才的眼光，能够识别出他人的优点，并在自己的道路上利用他们的这些优点。简言之，就是用欣赏代替嫉妒。

第三篇

黄金心态

缔造阳光心态,享受阳光生活

第十章

阳光心态

什么是阳光心态

有两个人，一个悲观，一个乐观。有一天，他们在一起吃葡萄。悲观者吃葡萄时，从大粒开始吃，他所吃的每一粒都比上一粒小，所以，他心里充满了失望。乐观者吃葡萄时，从小的开始吃，他所吃的每一粒都比上一粒大，所以他心里充满了快乐。后来，悲观者想换一种吃法，从小粒开始吃。可是在他看来，他吃到的都是最小的，他还是快乐不起来。乐观者也想换一种吃法，从大粒开始吃。在他看来，他吃到的都是最大的，他还是快乐的。

同一件事情，不同的人看会有不同的结果。其实事物是客观存在的，不会有所改变，改变的是人的心境，所谓"境由心生"便是由此而来。

阳光心态是一种幸福境界。这种幸福不是被财富、权力、地位等所给予的，即使你贫穷、平凡，在别人看来一无所有，只要你能够主宰自己的情绪，让快乐做主，幸福便会由"心"制造。即使在生活中遭遇不幸，你也可以主宰自己的快乐，用乐观驱走不幸。

在对幸福生活的主动追求中，需要你选择乐观，因为只有乐观的人才能以阳光的心态迎接生活。

琳达是个不同寻常的女孩，她的心情总是非常好，因为她对事物的看法总是正面的。

当有人问她近况如何时，她总会答："我当然快乐无比。"她是个销售经理，一个很独特的经理。因为她换过几家公司，而每次离职的时候都会有几个下属跟着她跳槽。她天生就是个鼓舞者。无论哪个下属心情不好，琳达都会耐心地告诉他怎么去看事物的正面。这种生活态度的确让人称奇。

一天一个朋友追问琳达说："一个人不可能总是看到事情的光明面，这很难办到！你是怎么做到的？"

琳达回答道："每天早上我一醒来就对自己说，琳达你今天有两种选择，你可以选择心情愉快，也可以选择心情不好。我选择心情愉快。然后我命令自己要快快乐乐地活着，于是，我真的做到了。每次有坏事发生时，我可以选择成为一个受害者，也可以选择从中学些东西。我选择从中学些东西。我选择了，我也做到了。每次有人跑到我面前诉苦或抱怨，我可以选择接受他们的抱怨，也可以选择指出事情的正面。我选择后者。"

"是！对！可是并没有那么容易做到吧。"朋友立刻回应。

"就是有那么容易。"琳达答道，"人生就是选择。每一种处境面临一个选择。你可以选择如何面对各种处境，你可以选择别人的态度如何影响你的情绪，你可以选择心情舒畅或是糟糕透顶。归根结底，你自己选择如何面对人生。"

琳达曾被确诊患上了中期乳腺癌，需要尽快做手术。手术前期，她依然过着正常而有规律的生活。

所不同的就是，每天下午三点半的时候她要接受医院规定的检查。对于来检查的医生，她总是微笑接待，让他们感到轻松无比，尽管检查的时候，琳达感觉十分不舒服。

直到手术麻醉之前，她仍然对主治医师说："医生，你答应过我，明天傍晚前用你拿手的汉堡换我的插花！别忘了！上次你自制的汉堡，味道真好，让人难以忘怀！"令医生哭笑不得。手术果然进行得很顺利。两个月后的一天，朋友来探望她，她竟然马上忘记疼痛，要送朋友一件自己刚刚被医院允许做好的插花。等到她出院时，竟然已经与医科室一半的人都交上了朋友，包括那些病友。因为人们都被她的轻松和坚强所感染和征服。

对生活抱持一种达观的态度，就不会稍有不如意，就自怨自艾。大部分终日苦恼的人，实际上并没有遭受多大的不幸，而是他们自己的内心存在着某种缺陷，对生活的认识有偏差。事实上，生活中有很多坚强的人，即使遭受不幸，精神上也会岿然不动。生活是喜怒哀乐之事的总和，我们必须清楚，不顺心、不如意是人生不可避免的一部分，不是我们个人的力量所能左右的。明白了这一点，我们就会对生活抱持一种达观的态度，而当这种态度占据一个人的心灵后，他就拥有了阳光的心态。

乐观的人总是能从平凡和不幸中发现美，在他们的眼中，生活里的每一处都有朝阳。威廉·华兹华斯的一首诗道出了这份独特心境："我曾孤独地徘徊／像一缕云／独自飘荡在峡谷小山之间／忽然一片花丛映入眼帘／一大片金黄色的水仙／我凝视着——凝视着——但从未去想／这景象给我带来了什么财富／我的心从此充满了喜悦／随那黄水仙起舞翩跹。"生活中不乏阳光，但需要你去用心体会。伯特兰·罗素认为："一个人感兴趣的事情越多，快乐的机会也越多，而他受命运摆布的可能性便越少。"

其实，无论你多忙，都会有时间选择两件事：快乐还是不快乐。早上你起床的时候，也许你自己还不晓得，不过你的确已选择了让自己快乐还是不快乐。

或许我们一生中不见得有机会可以赢得大奖，更不用说诺贝尔奖或奥斯卡奖，大奖总是留给少数人的。虽然从理论上来说，每个刚出生的孩子都有当上总统的机会，但是实际上大多数人并没有这个机会存在的条件。

不过我们获得小奖的机会非常多。每一个人都有机会得到一个拥抱，一个亲吻，或者一个微笑。生活中到处都有小小的喜悦，也许只是一杯柠檬茶，一碗热汤，或是一个美丽的落日。更大一点的单纯乐趣也不是没有，生而自由的喜悦就够我们感激一生的了。这许许多多、点点滴滴都值得我们细细去品味，去咀嚼。也就是这些小小的快乐，让我们得到生命中的阳光。做一个乐观的小太阳，不仅会照亮你自己，还会照亮你眼前的每一个事物。

心灵阳光才能感受阳光

终南山麓，水清草美。据说这一带出产一种快乐藤，凡是得到这种藤的人，一定能喜形于色，笑逐颜开，甚至会不知道烦恼为何物。

曾经有一个人，为了得到不尽的快乐，不惜跋山涉水，去找这种藤。他历尽千辛万苦，终于到了终南山麓。在险峻的山崖上，他找到了一棵快乐藤。可是他虽然得到了快乐藤，却没有得到预期中的快乐，反而感到一种空虚和失落。

第三篇　黄金心态　缔造阳光心态，享受阳光生活

这天晚上，他在山上一位老人的屋中借宿，面对皎洁的月光，他发出了一声长长的叹息。老人问他："年轻人，什么事让你这样叹息呀？"

于是，他说出了心中的疑问：为什么已经得到快乐藤的自己，却没有得到快乐呢？

老人一听就乐了，说："其实，快乐藤并非终南山才有，而是人人心中都有。只要你有快乐的根，无论走到天涯海角，都能够得到快乐。"

"什么是快乐的根呢？"这个人问。

老人说："心就是快乐的根。"

快乐是会心的笑，是发自内心的喜悦，它不是教科书里的专有名词，也不是什么严肃的理论，而只是生活中的点点滴滴。

心理学家马修·杰波博士说："快乐纯粹是内发的，它的产生不是由于事物，而是由于不受环境拘束的个人举动所产生的观念、思想与态度。"

如果我们做到用阳光的心来对待一切，时时检点自己，做到严于律己，同时对自己的期望值加以调整，快乐就会来到身边。生活在大千世界中的人在性格、爱好、职业、习惯等诸方面存在着很大的差异，对事物、问题的认识与理解也不尽相同。调整自身的心态，才能让阳光照耀到你的心灵。

当你停止疲于奔命的工作，用眼睛和心灵观察世界时，你会发现，生命就是一种快乐。如果生活在欲求永无止境的状态，我们就永远无法体会更高一层的生活境界。不论是在什么环境中，所有快乐生活的秘诀都是要人们发展内心的快乐。

曾经有位心理学家做了一个非常巧妙的实验：实验人员让两组参加者向同一位女士打电话。告诉第一组说，对方是一个冷酷、呆板、枯燥、乏味的人。告诉第二组说，对方是一个热情、活泼、开朗、有趣的人。结果，发现第二组的参加者与那位女士谈得很投机，通话时间也明显比第一组的参加者时间长。而第一组的参加者与女士的交谈很难顺利地进行下去。

出现这种情况的原因是显而易见的，你事先的预期或看法决定了你的交往方式，你的语言信息和非语言信息都会受到预先期待的影响。因此，只有心灵阳光的人才能看见生命中的阳光，才能感受到别人的阳光魅力。

或许有人会说：我的生活中总是出现问题和麻烦，这让我如何快乐？

确实，生活就是由一连串的问题组成的。一个问题解决了，另外一个问

题会接踵而至。其实，如果要快乐，现在就可以快乐起来，而不是"有条件"地快乐。

有一对清贫的老夫妇，想把家中唯一值点钱的一匹马拉到市场上去换点更有用的东西。于是老头子牵着马去赶集了，他先与人换得一头母牛，又用母牛去换了一只羊，再用羊换来一只肥鹅，又把鹅换了母鸡，最后用母鸡换了别人的一大袋烂苹果。

在每次交换中，他都想给老伴一个惊喜。

当他提着大袋子来到一家小酒店歇息时，遇上两个英国人。闲聊中他谈了自己赶集的经过，两个英国人听得哈哈大笑，说他回去准得挨老婆子一顿揍。老头子说绝对不会，英国人就用一袋金币打赌，三个人于是一起回到老头子家中。

老太婆见老头子回来了，非常高兴，她兴奋地听着老头子讲赶集的经过。每当听老头子讲到用一种东西换了另一种东西时，她都充满对老头子的钦佩。

她嘴里不时地说着：

"哦，我们有牛奶了！"

"羊奶也同样好喝。"

"哦，鹅毛多漂亮！"

"哦，我们有鸡蛋吃了！"

最后听到老头子背回一袋已经开始腐烂的苹果时，她同样不愠不恼，大声说："我们今晚就可以吃到苹果馅饼了！"

结果，英国人输掉了一袋金币。

不要为失去的一匹马而惋惜，即便只换了一袋烂苹果，那就做一些苹果馅饼好了，有这样良好的心态，生活才能妙趣横生，和美幸福。

一定要保持一颗阳光的心，只有心灵充满阳光，让阳光照耀心灵，我们才能看见生命中的阳光，才能看见别人阳光的一面。

生活在这个世界上，任何人都有压力。在情绪低落的时候，你采取什么样的态度，就决定了你会有什么样的心情。

当我们感到难过时，不要抗拒它，试着放松，看看除了恐慌，我们是否能够保持从容与镇定。不要对抗自己的负面情绪，而应放松心态，从容面对。我们应当以适当的角度来面对自己当前的苦恼，并明白世界总在不断地变好。只有一条路可以通往快乐,那就是停止担心超乎我们意志力之外的事。一般自己所忧虑的事情,99%压根儿就不曾发生过。人活着,如果整天担心这个,忧虑那个,岂不是活得太痛苦了吗?这样,身体怎么会健康呢?不要让忧愁占据了大好时光。当晨曦来临,我们应当脱下睡衣,迅速起床,然后告诉自己:"这是快乐的一天,我要好好地干。"接着精神抖擞地出门。出去后,无论遇到长辈还是晚辈,熟悉的还是陌生的,都要很高兴地向他们打招呼,说声"早上好!"

处在生活环境中,不管乐观着的还是忧愁着的人们,只要能找到心的天堂,你就能真正地快乐。

人生的阳光从微笑开始

乐观的人,总爱用微笑来诠释他们的心灵。而微笑是一种魔力,让你充满乐观的力量,永远活力四射。

一个小女孩每天都从家走路去上学。

一天早上,天气不太好,云层渐渐变厚,到了下午时,风吹得很急,不久就开始有闪电雷鸣,一会儿大雨就倾盆而下。

妈妈很担心女孩会被雷鸣吓着,甚至被雷击到,赶紧开车沿着上学的路线去找小女孩。

这时,妈妈看到自己的女儿一个人走到街上,每次闪电出现时,小女孩都停下脚步,抬头往上看并露出微笑。看了许久,妈妈终于忍不住叫住她的孩子。

妈妈问女儿说:"你在做什么啊?"

女儿说:"上帝刚才帮我照相,所以我要笑啊!"

微笑,是一股清新的风,驱散夏日里无奈的烦躁;微笑,是一缕和煦的阳光,为在寒冷中煎熬的人们带来力量和勇气;微笑,是新春原野上的芳草,袒露着鲜活和蓬勃;微笑,是金秋时节熟透了的果实,展示着芳香和甘甜。

微笑,是洒向人间的爱意,向世界吐露芬芳的真诚。你的笑靥虽不能倾国倾城,但只要是发自肺腑,平常而又自然,也足以使人感到无限的惬意和温馨。

人生是一种态度

微笑，是世间最美丽的表情，它代表了友善、亲切、礼貌与关怀。不会笑的人，他身旁的空气似乎时时郁闷得难以流动。长得不美，笑得也不好看，这无关紧要，要紧的是，你是否能真心诚意地展颜一笑，送给每一位与你擦身而过的熟悉抑或陌生的人。

在现实生活中，你什么都可以吝啬，但千万不要吝啬你的微笑。没有什么东西能比一个阳光灿烂的微笑更能打动人的了。微笑具有神奇的魔力，它能够化解人与人之间的坚冰，同时，微笑也是你身心健康和人生幸福的标志。

一旦你学会了阳光灿烂的微笑，你就会发现，你的生活从此变得更加轻松，而人们也必然会喜欢享受你那阳光灿烂的微笑。

百货店里，有个穷苦的妇人，带着一个约4岁的男孩在购物。走到一架快照摄影机旁，孩子拉着妈妈的手说："妈妈，让我照一张相吧。"妈妈弯下腰，把孩子额前的头发拢在一旁，很慈祥地说："不要照了，你的衣服太旧了。"孩子沉默了片刻，抬起头来说："可是，妈妈，我仍会面带微笑的。"

男孩的话道破了一个真理：只要有微笑，生活永远都是全新的。法国作家拉伯雷说过这样的话："生活是一面镜子，你对它笑，它就对你笑，你对它哭，它就对你哭。"如果我们整日愁眉苦脸地生活，生活肯定凄风苦雨；如果我们爽朗乐观地生活，生活肯定阳光灿烂。朋友，既然现实无法改变，当我们面对困惑、无奈时，不妨给自己一个笑脸，一笑解千愁。

笑声不仅可以解除忧愁，而且可以治疗各种病痛。微笑能使人加快肺部呼吸，增加肺活量，还能促进血液循环，使血液获得更多的氧，从而使人体更好地抵御各种病菌的入侵。

微笑是一种做人心态的外在表现，这种魔力不仅能够给日渐枯萎的生命注入新的甘露，也会使你的人生开出幸福的花朵。

微笑蕴涵的是坚实的、无可比拟的力量，一种对生活巨大的热忱和信心，一种高格调的真诚与豁达，一种直面人生的智慧与勇气。而且，境由心生，境随心转。我们内心的思想可以改变外在的容貌，同样也可以改变我们周遭的环境。

约翰·内森堡是一名犹太籍的心理学博士。在二战期间，由于纳粹的疏忽，他幸免于难，然而他却没能逃脱纳粹集中营里的惨无人道的生活折磨。他曾经绝望过，这里只有屠杀和血腥，没有人性、没有尊严。那些持枪的人像野兽一样疯狂地屠戮着，无论是怀孕的母亲，刚刚会跑的儿童，还是年迈的老人。

他时刻生活在恐惧中，这种对死的恐惧让他感到一种巨大的精神压力。集中营里，每天都有人因为巨大的精神压力而发疯。内森堡知道，如果自己不控制好精神，也难以逃脱精神失常的厄运。

有一次，内森堡随着长长的队伍到集中营的工地上去劳动。一路上，他产生一种幻觉，晚上能不能活着回来？是否能吃上晚餐？他的鞋带断了，能不能找到一根新的？这些幻觉让他感到厌倦和不安。于是，他强迫自己不想那些倒霉的事，而是刻意幻想自己是在前去演讲的路上。他来到了一间宽敞明亮的教室中，他精神饱满地在发表演讲。

他的脸上慢慢浮现出了笑容，内森堡发现，这是久违的笑容。当他知道自己也会笑的时候，他也就知道了自己不会死在集中营里，他会活着走出去。当从集中营中被释放出来时，内森堡显得精神很好。他的朋友不相信，一个人可以在魔窟里保持年轻。

微笑的作用如此巨大，它是一把打开"心窗"的钥匙。

"心窗"没有打开的时候，我们会感到窒息；"心窗"打开了，我们的情绪才能够通达，心灵的视觉才更清晰。

一旦窗户打开了，情绪和心灵的空间也就豁然开朗，对于一些事情也能看得更透彻了，就能消化积存的烦恼，让它变为活力。

微笑是阳光的美丽外衣，它就像穿过乌云的太阳，能够给人带来信心、希望，让人生充满欢乐。

阳光的真谛在于简单

浮世中许多人为追求舒适的物质享受、社会地位、显赫的名声等，把自己变得庸碌而烦乱；今日的新新人类追求时髦、新潮、时尚、流行，成为欲望的奴隶。人们像被鞭子抽打的陀螺，忙碌着——或拼命打工，或投机钻营，或应酬、奔波、操心……你会发现自己很难再有轻松地躺在家中床上读书的时间，也很难再有与三五朋友坐在一起"侃大山"的闲暇，你会忙得忽略了

人生是一种态度

自己孩子的生日，你会忙得没有时间陪父母叙叙家常……

忙碌让我们失去了简单的快乐，在复杂的社会中失去了自我。

一位得知自己将不久于人世的老先生，在日记簿上记下了这段文字：

如果我可以从头活一次，我要尝试更多的错误，我不会再事事追求完美。我情愿多休息，随遇而安，处世糊涂一点，不对将要发生的事处心积虑地计算。可以的话，我会去多旅行，跋山涉水，更危险的地方也不妨去一去。过去的日子，我实在活得太小心，每一分每一秒都不容有失，太过清醒明白，太过清醒合理。如果一切可以重新开始，我会什么也不准备就上街，甚至连纸巾也不带一块。如果可以重来，我会赤足走在户外，甚至整夜不眠。还有，我会去游乐园多玩几圈木马，多看几次日出，和公园里的小朋友玩耍……只要人生可以从头开始，但我知道，不可能了。

他是个地地道道、彻头彻尾的商人，活在尔虞我诈的商场，他曾经倾尽全力、亲力亲为，弄得自己心力交瘁。为此，他总是能找到借口自我安慰："商场如战场，我身不由己，我身不由己呀！"

直到临终，老先生才彻底觉悟：生活不需要很多钱，简单生活，让自己快乐才是最珍贵的。

简单生活并非物质上匮乏，也不是无所事事，而是回归内在的真实，这样才是真正的富足。

简单的生活是快乐的源头。

"简单生活"并不是要你放弃追求，放弃劳作，而是说要抓住生活、工作中的本质及重心，要以一两拨千斤的方式，去掉世俗浮华的琐务。卡尔逊说："简单生活不是自甘贫贱。你可以开一部昂贵的车子，但仍然可以使生活简化。最关键的是在于你要改进你的生活品质，要诚实地面对自己，想想生命中对自己真正重要的是什么。"

泰勒是纽约郊区的一位神父。

有一天，教区医院里一位病人生命垂危，他被请过去主持病人临终前的忏悔。

他到医院后听到了这样一段话："我喜欢唱歌，音乐是我的生命，我的愿望是唱遍美国。作为一名黑人，我实现了这个愿望，我没有什么要忏悔的。现在我只想说，感谢您，您让我愉快地度过了一生，并让我用歌声养活了我的6个孩子。现在我的生命就要结束了，但死而无憾。仁慈的神父，现在我只想请您转告我的孩子，让他们做自己喜欢做的事吧，他们的父亲会为他们骄傲。"

一个流浪歌手，临终时能说出这样的话，让泰勒神父感到非常吃惊，因为这名黑人歌手的所有家当，就是一把吉他。他的工作是每到一处，把头上的帽子放在地上，开始唱歌。40年来，他用他那苍凉的西部歌曲，感染了他的听众，换取那份他应得的报酬。他虽然不是一个腰缠万贯的富豪，可他从不缺少充实于生活中的快乐。他过着简单的生活，有着一颗容易满足的心。

泰勒神父在之后的一次演讲中讲到了这件事，他总结道：

"原来最有意义的活法很简单，就是做自己喜欢做的事，并从中发掘到一颗容易满足的心灵。"

其实"简单"是一种生活的艺术与哲学。简单生活是简单主义者的生活选择，无论是田园隐居，还是返璞归真，抑或自愿选择清贫如洗。值得提醒的是："自愿"简单只是途径而不是目的。简单首先是外部生活环境的简单化。当你不需要为外在的生活花费更多的时间和精力的时候，也就为内在的生活提供了更大的空间与平静。之后是内在生活的调整和简单化，这时的你可以更加深层地认识自我的本质。现代医学已经证明，人的身体和精神是紧密联系在一起的，当身体被调整到最佳状态时，精神才有可能进入轻松状态；而当人的身体和精神进入佳境时，人的灵魂，也就是人的生命力才能更加旺盛。

西方国家包括美国的许多人，现在倡导过一种"简单的生活"。他们试着离开汽车、电子产品、时尚圈子，看能不能活得快乐。这种行为被称作"草根运动"。他们强调简化自己的生活，并非完全抛弃物欲，而是要把人分散于身外浮华物上的注意力移出适当比例，放在人自身上、精神上、心灵情感上。过一种平衡、和谐、从容的生活，一个真正有感知的人的生活，实质是提升生活的品质。

也许今天我们所说的"简单"应该是带有后现代意味的，由文化反思所带来的对"苦行僧"式的生活追求并非我们今天所提倡的简单生活，我们现在所追求的简单，指的是有快乐意义的生活，真诚、和谐、悠闲且幸福。一个清洁工和一个公司总裁同样可以选择过简单生活；一个隐居者和一个百万富翁同样可以简化生活，充分享受人生的乐趣；一个8

岁的孩子和一位耄耋老人如果认同简单的做法，他们也同样可以选择简单生活，然后快乐终生。

用心体会生活中的阳光

曾经有个女子，陪同从军的丈夫一起来到非洲的一片沙漠之中。丈夫要经常到沙漠中训练，常常留下她一个人孤零零地独自住在被沙漠包围着的铁皮房子里。有时，她甚至很长时间也收不到丈夫的一封来信。虽然当地有土著人，但他们都不懂英语，无法陪她说话，她深感寂寞与痛苦。

恰在此时，远方父母的一封来信给了她极大的鼓舞。信极短，其中一句话充满了哲理："两个犯人从牢房的铁窗望出去，一个看到了坟墓，一个看到了星星。"

她恍然大悟，决定在茫茫沙漠里寻找瑰丽的星星。她开始努力改变：努力学习当地的语言，努力与土著人交朋友，努力收集各类土特产，努力研究当地的一切（包括土拨鼠和仙人掌）。才过了几天，她就深深感到，生活是如此充实。

第二年，她将她的收获一一整理成文，出版了一本叫作《快乐的城堡》的书。她无限欣慰，她果然在漫无边际的寂寞中找到了"星星"，再也不会抱怨生活索然无味了。

同样的事物在不同的人物与不同的心境下，往往会得到迥异的结论，原因就在于你如何看待它。聪明的人总是善于从痛苦中找出快乐的影子。

当你体验到生活中美好的东西时，自然就能找回快乐的心情。

晓飞在她30岁以后终于意识到，其实她的生活并不快乐。她将责任全部归咎于她的丈夫、她的前任老板以及她的亲属。但是有一天，一位认识她已10年的朋友对她说："晓飞，你将你的不快乐归咎于你周围所有的人，为什么你就不能从自己身上找找原因呢？坦率地说，我总觉得和你在一起有种压抑的感觉。"

这句话对晓飞触动很大，从那以后，她开始认真思考她的生活方式，开始努力尝试使自己快乐起来。她学着观察并感受每天发生在她周围的一切，

第三篇　黄金心态　缔造阳光心态，享受阳光生活

她努力将自己的思维投向那些积极和快乐的事情上，并学会将烦恼放在一边。没多久，她发现她的生活正发生着日新月异的变化。

在以后的日子里，每当晓飞与其他的人谈论她的生活经历时，她总是这样说："在过去的许多年，我从未发现自己只是关注那些令人沮丧和消沉的事情，那时的我简直让人没法忍受。所幸的是，我的一位很好的朋友提醒了我，是他让我学会将那些糟糕的东西扔进垃圾筒，让我体验到生活中原来有那么多美好的东西。"

一个渴求成功的人是心态阳光的人，他不会向生活抱怨什么，他坚信黑夜过去总会迎来一轮新生的太阳。

无论是有名的演说家，还是最有人气的作曲家、艺术家，你曾听他们嗟叹抱怨过人生的不幸吗？唠叨过自己生不逢时吗？

你可曾从书本上读到历史伟人、成功人士在抱怨环境不理想后，每天唉声叹气，终于在沮丧忧愁的日子里成就了他的创造发明或丰功伟业吗？

在人类历史中，再没有比靠自己的刻苦努力而改变命运的人更伟大的了，那些从黑暗中抵达光明天堂的人，为了达到目标，将生活中的一切不顺和埋怨全都交给昨天，因此才能在克服艰难挫折后最终取得胜利。

相反，凡是怪罪环境糟糕，整天大吐苦水、发牢骚者，你会发现，如果他们始终坚持这样做，那么几年后，甚至到年迈之时他们所拥有的还是一只只装满抱怨的箱子。成就对于他们只能是一种无法实现的梦想。

虽说人生处处有危机，但人生也处处是转机，处处是阳光，大环境终究是大环境，它永远都不会改变的，要改变的是你的心态。世界上最危险的事，就是什么都不做地等待机会。对于那些不肯工作只会胡思乱想的人，机会是不可能到来的；只有勤恳工作的人，才能把握住机会，并让一切会因等待而与他擦肩而过的成功都停留在他的生命中。

在工作中，就算你因不满上司作风而离开以前的工作岗位，到了一家新公司，那儿还是会有另一位上司等着要管理你这位新人。所有的环境都是这样的，需要我们入乡随俗。

把一切牢骚放逐到大海，把"埋怨"这两个字埋葬掉，给自己一个快乐生活的机会吧。

大凡在世界上做出一番事业的，往往不是那些幸运之神的宠儿，而是那

些没有多少机会，却能把不幸和埋怨藏在心里的苦孩子。一个人若想在日常生活中活得愉悦，秘诀就是忘掉烦闷和停止抱怨人生。

善待自己是人生的开始，若想给自己的人生一个成功的航道，就必须先认清自己，体会到阳光的存在。

没有人不幸到会遇上所有坏的情况，也没人幸运到会遇上一切好的情况，那为什么人的心境会有天壤之别呢？其实问题不在身外，恰恰在人的内心。当你体验到了生活中美好的东西时，生活自然而然就生动起来了。

第十一章

进取心态

什么是进取心态

　　进取心是激发人们抗争命运的力量，是促使人们完成崇高使命和创造伟大成就的动力。一个具备进取心的人，就会像被磁化的指针那样显示出矢志不移的精神力量，展示他生命中阳光的一面。

　　永不知足是要求自己上进的第一步，是要让自己不满足于停留在现有的位置上。永不知足可以帮助你迈出关键的第一步。

　　到NBA去打球，是每一个美国少年最美好的梦想，他们渴望像乔丹一样飞翔。

　　当年幼的博格斯说出自己这样的梦想时，同伴们竟然把肚子都笑疼了。因为博格斯的身高只有160厘米，在2米都算矮个子的NBA里，他充其量只是一个侏儒。

　　但博格斯却没有因为别人的嘲笑而放弃自己的梦想。"我热爱篮球，我决心要打NBA。"他把所有的空余时间都花在篮球场上。其他人回家了，他仍然在练球；别人都去沐浴夏日的阳光了，他却仍坚持在篮球场上。

　　他每日都告诫自己：我要到NBA去打球。他让自己的血液里流淌着进取的精神。他深知，像他这样的身高，要到NBA去必须得有自己的"绝活"。他努力锻炼自己的长处：像子弹一样迅速，比别人更能奔跑，运球不发生失误。

　　博格斯是夏洛特黄蜂队中表现最优秀、失误最少的后卫队员，他常常像一只小黄蜂一样满场飞奔。他控球一流，远投精准，在巨人阵中他也敢带球上篮。而且，他是整个NBA中断球最多的队员。

人生是一种态度

博格斯是 NBA 中有史以来创纪录的矮子。他把别人眼中的不可能变成了现实。博格斯曾经自豪地说："我的血液中流淌着进取的精神，所以，我能实现我的梦想。"

比尔·盖茨对年轻人说得最多的一句话就是："永不知足。"他之所以会取得如此大的成功，就是因为他不满足于自己已经取得的成绩，不断进取，始终激励自己向前发展。他最后终于实现了自己的理想，到达了他所向往的地位。

人生的进步与成功，都有赖于进取心和意志力——正是永不停息的自我推动力，激励着人们向自己的目标前进。

向上的力量是每一种生命的本能，这种力量不仅存在于所有的昆虫和动物身上，埋在地里的种子也同样存在着这样的力量，正是这种力量刺激着它破土而出，推动它向上生长，向世界展示美丽与芬芳。

玫琳·凯在美国可谓家喻户晓，然而在创业之初，她曾历尽失败，走了不少弯路。但她从来不灰心、不泄气，最后终于成为大器晚成的化妆品行业的"皇后"。

20 世纪 60 年代初期，玫琳·凯已经退休回家。可是过分寂寞的退休生活使她突然决定冒一冒险。经过一番思考，她把一辈子积蓄下来的 5000 美元作为全部资本，创办了玫琳·凯化妆品公司。

为了支持母亲实现"狂热"的理想，两个儿子也"跳往助之"，一个辞去一家月薪 480 美元的人寿保险公司代理商职务，另一个也辞去了休斯敦月薪 750 美元的职务，加入到母亲创办的公司中来，宁愿只拿 250 美元的月薪。玫琳·凯知道，这是背水一战，是在进行一次人生中的大冒险，弄不好，不仅自己一辈子辛辛苦苦的积蓄将血本无归，而且还可能葬送两个儿子的美好前程。

在创建公司后的第一次展销会上，她隆重推出了一系列功效奇特的护肤品。按照原来的想法，这次活动会引起轰动，一举成功。可是，"人算不如天算"，整个展销会下来，她的公司只卖出去 15 美元的护肤品。在残酷的事实面前，玫琳·凯不禁失声痛哭，而在哭过之后，她反复地问自己："玫琳·凯，你究竟错在哪里？"经过认真分析，她终于悟出了一点：在展销会上，她的公司从来没有主动请别人来订货，也没有向外发订单，而是希望女人们自己上门来买东西……难怪在展销会上落到如此下场。

她擦干眼泪，从第一次失败中站了起来，之后，在抓生产管理的同时，她还加强了销售队伍的建设。

经过20年的苦心经营，玫琳·凯化妆品公司由初创时的雇员9人发展到现在的5000多人；由一个家庭公司发展成为一个国际性的公司，拥有一支20万人的推销队伍，年销售额超过3亿美元。

玫琳·凯终于实现了自己的梦想。

是什么力量不断地激励玫琳·凯朝着自己的目标前进？这个推动力就是：进取心。一旦养成一种不断自我激励、始终向着更高目标前进的习惯，我们身上的很多不良习性就会逐渐消失。一旦我们有幸受到这种伟大推动力的引导和驱使，我们就会成长、开花、结果。进取心最终会成为一种伟大的自我激励的力量，它会使我们的人生更加崇高。

人生当有梦想

梦想是成功的翅膀，决定着你努力和判断的方向。没有方向，你的人生就永远不会有美好的未来。

迈克尔是一个喜欢拉琴的年轻人，可是他刚到美国时，却必须靠到街头拉小提琴卖艺来赚钱。

非常幸运，迈克尔和一位认识的黑人琴手一起，抢到了一个最能赚钱的好地盘，即一家商业银行的门口。

过了一段时间，迈克尔赚到了不少钱后，就和那位黑人琴手道别，因为他想进入大学进修，也想和琴艺高超的同学进行相互切磋。于是，迈克尔将全部的时间和精力投入到了提高音乐素养和琴艺中。

10年后，迈克尔有一次路过那家商业银行，发现昔日的老友——那位黑人琴手，仍在那"最赚钱的地盘"拉琴。

当那个黑人琴手看见迈克尔出现的时候，很高兴地问道："兄弟啊，你现在在哪里拉琴啊？"迈克尔回答了一个很有名的音乐厅的名字。那个黑人琴手反问道："那家音乐厅的门前也是个好地盘，也很赚钱吧？"

他哪里知道，10年后的迈克尔，已经是一位国际知名的音乐家，他经常应邀在著名的音乐厅中登台献艺，而不是在门口拉琴卖艺。

人生是一种态度

梦想在人生中的重要性超乎你的想象。很难想象一个没有梦想的人该如何把握自己的人生航向。生活就如在大海里航船，如果连自己想去哪里都不知道，那么就只能随风漂泊。成功的花都是由充斥着苦雨、血泥和强烈的暴风雨的环境培养成的，不是一朝就可以开放的。

梦想和现实之间，总有那么一段距离。如果总希望一觉醒来就能梦想成真，这无异于白日做梦。想把梦想变成现实，就要从现在开始确定一个目标，有成功的强烈愿望，并靠坚定的信念去拼搏，这样才可能成为生活的幸运儿。

在每个人成长的道路上，都会遇到各种各样的阻碍和困难，当不幸的打击降临的时候，如果你不能正确地认识它，即使你再有天赋和才华，也只能像流水一样空度一生。在阻碍面前，我们依然要保持自己的梦想，不要让别人偷走我们的梦想。

美国的圣伊德罗牧马场上，一大群孩子正在做游戏，牧马场的主人希尔·卡洛斯来到他们中间。他对孩子们说："知道我为什么要邀请你们来我的牧场吗？我要向你们讲述一个故事，故事的主人公同样也是一个孩子。"

他开始讲起故事来：孩子的父亲是一位巡回驯马师，驯马师终年奔波，从一个马厩到另一个马厩，从一条赛道到另一条赛道，从一个农庄到另一个农庄，从一个牧场到另一个牧场，训练马匹。其结果是，儿子的中学学业不断地被扰乱。当儿子读高中时，老师要他写一篇作文，说说长大后想当一个什么样的人，做什么样的事。那天晚上，他写了一篇长达7页的作文，描绘了他的目标：有一天，他要拥有自己的牧场。在文中，他极尽详细地描述自己的梦想，他甚至画出了80万平方米大的牧场平面图，在上面标注了所有的房屋，还有马厩和跑道。然后他为他的近400平方米的房子画出细致的楼面布置图，那房子就立在那个80万平方米的梦想牧场里。

当时他将全部的心血都倾注到了他的计划中。第二天，他将作文交给了老师。两天后，老师将批改后的作文发给了他，在第一页上，老师用红笔批了一个大大的"F"（最低分），附了一句评语："放学后留下来。"

心中有梦的男孩放学后去问老师："为什么我只得了'F'？"老师说："对你这样的孩子，这是一个不切合实际的梦想。你没有钱，来自一个四处漂泊、居无定所的家庭。你没有经济来源，而拥有一个牧场是需要很多钱的。你得买地，得花钱买最初用以繁殖的马匹，然后，你还要因育种而花大量的钱，你没有办法做到这一切。"最后老师加了一句，"如果你把作文重写一遍，将目标定得更现实一些，我会考虑重新给你评分。"

男孩回家后，痛苦地思考了很久。他问父亲应该怎么办，父亲说："孩子，这件事你得自己决定。不过我认为这对你来说是个非常重要的决定。"

最后，在面对作文苦坐了整整一周之后，男孩子将原来那篇作文交了上去，没改一个字。他向老师宣告："你可以保留那个'F'，而我将继续我的梦想。"

从此以后，男孩开始努力，他想他一定要成功。为了这个梦想，他奋斗了很多年。讲到这里，卡洛斯微笑着对孩子们说："我想你们已经猜到了，那个男孩就是我！现在你们正坐在我的80万平方米的牧场中心，近400平方米的大房子里。我至今保存着那篇学生时代的作文，我将它用画框装起来，挂在壁炉上面。"他补充道，"这个故事最精彩的部分是，两年前的夏天，我当年的那个老师带着30个孩子来到我的牧场，搞了为期一周的露营活动。当老师离开的时候，她说：'卡洛斯，现在我可以对你讲了，当我还是你的老师的时候，我差不多可以说是一个偷梦的人！那些年里，我偷了许许多多孩子的梦想。让我感到震惊的是，你有足够的勇气和进取心，不肯放弃，你的梦想真的实现了。'""所以，"卡洛斯说，"不要让任何人偷走你的梦，拿出坚强的意志去拼搏，你一定能追到你的梦。"

梦想从来都是与激情和热情为伴的，每当想到我们的梦想，我们心中应当激荡起一股热切的希望与无限的冲动。

正因为那不能停歇的梦想让我们无所畏惧，有了奋勇向前的巨大进取心。

要有足够强烈的成功欲望

成功只垂青那些渴望成功的人。如果你没有足够强烈的成功欲望，你也就不会有追求成功的强大动力。

有一位年轻的弟子问苏格拉底成功的秘诀，苏格拉底没有直接回答，而是把他带到一条小河边，年轻人觉得很奇怪。只见苏格拉底扑通一声跳到河里去了，并且在水里向年轻人招了招手，示意他下来。年轻人也就稀里糊涂地跳下了水。

刚一下水，苏格拉底就把他的头摁到了水里，年轻人本能地挣扎出水面，苏格拉底又一次把他的头摁到了水里，这次用的力气更大，年轻人拼命地挣扎，刚一露出水面，又被苏格拉底死死地摁到了水里。这一次，年轻人可顾不了那么多了，死命地挣扎，挣脱之后就拼命地往岸上跑。跑上岸后，他打着哆嗦对大师说："大……大师，你要干什么？"

苏格拉底丝毫不理会这位年轻人就上了岸。当他转身离去的时候，年轻人感觉好像有些事情还没有弄明白，于是，他就追上去问苏格拉底："大师，恕我愚昧，刚才你对我做的那个动作我还没有悟过来，能否指点一二？"苏格拉底看看这个年轻人还有些耐心，于是对年轻人说了一句很有哲理的话："年轻人，要成功，就要有成功的欲望，这种欲望就像你刚才那种强烈的求生欲望一样，使你欲罢不能。"

要想成功，仅仅有成功的希望是不够的，一个优秀的推销员最重要的素质是要有强烈的成交欲望；一个运动员最优秀的品质是永远争第一的欲望。如果你没有强烈的成功欲望，就不会有一往直前的勇气和与困难搏斗的毅力。相反，如果你追切希望成功，那么，你就会想尽一切办法，冲破一切阻碍，对成功路上的荆棘无所畏惧。这就是欲望的力量。所以，要想成功，首先要有强烈的成功欲望。

这种强烈的成功欲望，我们可以用一个词来概括：野心。

以前人们对野心这个词存有偏见，一说起这个词就认为它是贬义词，但是慢慢地，人们的看法改变了，野心所涵盖的范围越来越广泛，它与成功也挂起钩来。野心与成功好像很不搭调，但是它们之间的关系却密切得想分也分不开。如果你不信，那就让我们来听听专家们是怎么说的吧：每个人在其梦想、雄心、目标、表现、行为和工作中显现的精力、能量、意志、决心、毅力和持久的努力的程度，主要由"想"和"想要"某件事的程度决定。这条原则千真万确，甚至可以把它总结为一条这样的规律："你可以实现任何愿望——只要你有强烈的愿望。"野心是行为的动力，失去了这个动力，人——这部精密的机器——就要停止运转、完全瘫痪。

我们每个人都有过热血沸腾的少年时期，那时我们任由野心驾驶着我们人生的火车，野心的任务就是驱使我们的火车更快地向前，而我们自己的任务便是要保持我们的野心时刻具有充足的精力，并让它工作下去。

如果你整天胸无大志地晃来晃去，而且无所事事，如果你人生的火车无人来驾驶，就停在那里，锈迹已经腐蚀了发动机，我们大概可以肯定，你将来会庸庸碌碌、毫无意义地过一辈子。我们大多数人只会默默无闻，而那些注定要成大事者正是那些在野心永无休止的驱赶下，最终穿过风霜雨雪，穿过黎明和黑夜的人。

成大事者必有野心，成大事者往往都是从小时候起就有着远大的抱负，心中都有一个目标，都有一个理想的偶像。他们就这样通过自己的不懈努力向"大人物"靠拢。

威廉·詹姆斯说："与真正清醒的自我相比，生活中的我们只能算半梦半醒。我们的火焰熄灭了，我们的蓝图暗淡了，我们的智力和体力只开发了很小很小的一部分。"

永不停息地超越自我表明了成大事者的进取心。他们和时间赛跑，和自己赛跑。他们攀越一个个高峰并一次次地去征服下一个高峰。也许生活中最重要的历程是超越了生存意义的活动。当我们对于某件事情抱有非凡的野心，实现了以前想都不敢想的梦想时，一份罕见的、甜美的时光就会充满我们的生活。

辉煌的成就属于那些对成功富有野心的人，如果你自己不求上进，谁拿你也没有办法，你自己不行动，上帝也帮不了你。

在这个世界上，谁也不可能成为最优秀的人，因为总会有更加杰出的人物出现在你的面前。但我们不能因此而自卑，更不能放弃，要努力胜过别人，用超越别人自信的野心不断激励自己。不管在哪里，都要怀有一份勃勃野心，让自己不甘于平庸的境地。要明白最终超越别人，远没有超越自己重要。因为最终的"大人物"是自己。

敢于拼搏，向人生挑战

人生在世，最可怕的就是胆小畏缩地过一辈子。可人有时却生性懦弱，毫无拼搏之心，这无疑是不能成功的一大原因。

懦弱的人害怕压力，因而他们也害怕竞争。在对手面前，他们往往不善于坚持，而选择回避或屈服。懦弱者对于自尊并不忽视，但他们常常更愿意用屈辱来换回安宁。

懦弱者常常害怕机遇，因为他们不习惯迎接挑战。他们从机遇中看到的是忧患，而在真正的忧患中，他们又看不到机遇。

懦弱通常是恐惧的伴侣，恐惧加强懦弱。它们都束缚了人的心灵和手脚。

在我们的周围，常常有懦弱的人，他们庸庸碌碌、忍辱负重地生活着，不敢抱怨，不敢抬头做人。

现实生活中，能够真正做到敢于拼搏和勇于挑战的人还是少数，许多人面对机会时总是战战兢兢，恐惧失败。对于这些人来说，要想成功，首先要做的就是要战胜恐惧、祛除懦弱！

要想获取成功，就要有拼搏的精神，用进取之心，全神贯注地做好准备，随时出击，牢牢地抓住机会。

成功常常属于那些敢于抓住时机、勇于拼搏的人。有些人很聪明，对不测因素和风险看得太清楚了，不敢冒一点险，结果聪明反被聪明误，永远只能"糊口"而已。实际上，如果他们能从风险的转化和准备上进行谋划，则风险并不可怕，相反，勇于拼搏能为你带来财富和幸运。在审时度势的前提下敢为别人所不敢为，你就有可能成为强者，成为拼搏的幸运儿。

拼搏不同于鲁莽，二者是有本质区别的。如果你把一生的积蓄孤注一掷，采取一项引人注目的行动，在这种行动中你最可能得到的结果是失去所有的东西，这就是鲁莽轻率的举动。如果你尽管由于要踏入一个未知世界而感到恐慌，然而还是接受了一项令人兴奋的新的工作机会，这就是大胆地尝试。

没有拼搏者就没有成功者，拼搏就要勇于面对风险。

古列特就是一位敢于"冒险"的人。他生于美国，在德国长大。当他26岁时，他来到美国纽约，选择了以钢材原料与工具的进出口贸易作为自己的奋斗目标。这种业务就属于那种以自己的资金为赌注来做生意的冒险行业。

他所从事的行业充满风险和危机。事实上，钢铁市场行情涨落非常极端，常使从业者坐立难安！

一名青年胆敢单枪匹马来到一处陌生的地方从事如此充满风险的工作，他的勇气从何而来？

"冒险一搏才能赢"，就是古列特勇气与毅力的来源，其公司的建立便是植根在这种坚强的心理基础之上。在他的公司创立不久，他被征召入伍了，但是战争结束后，他很快果断地扩大营运规模，各种大小的钢铁制品他都经营。一年的时间中，他至少有一半的时间在外奔波，忙于寻找新顾客与拓展新市场，并在投资与经营手段上连连走出一招招的冒险妙招，使公司的业务量直线上升。他有时甚至远渡重洋，飞往各国，与客户洽商。多年来，他一直过着一个星期工作6天、一天工作12小时的生活，辛劳远超过一般常人，但他仍然每天都充满干劲、决心不改。到20世纪50年代末，古列特的公司已成长到每年有1000万美元的业务，收益在100万美元以上，他个人一年的平均所得达40万美元之多。可以说，其公司业绩已相当可观。如果古列特没有当初的冒险之心，就不会有今天这种成果。

没有冒险就没有机遇，没有机遇就很难成功。人生就是一场搏击，会面临一连串的风险。没有拼搏，我们就不会长大。

人生的勇士们都有一种征服的欲望、拼搏的愿望，甚至是渴望。在这个竞争日益激烈的社会里，要为自己多创造一个机会，是需要有拼搏精神的。不论是在军事、商业竞争上，还是在人生中，一个成功者的魄力往往就表现在他背水一战或孤注一掷地开拓新市场的拼搏精神上。创业之初的联想集团，如果没有柳传志的深刻预见和孤注一掷，也不可能发展到今天的规模。创造人生奇迹的人，都是肯动脑筋、勇于拼搏的人，他们愿意迎接通过努力取得成功的挑战。他们以迎接挑战为乐趣，但绝不意味着赌博。他们对于风险不大的事情不屑一顾，因为它不是挑战；也不去盲目冒险，因为这会得不偿失。

拼搏离不开创造与革新，它是把理想变为现实的一个重要部分。

拼搏与自信密切不可分。你越相信自己的能力，就对希望的前景更有信心，更愿意去冒别人不敢冒的拼搏。多一次冒险，就会使你的生命多一点亮丽。拼搏的人生轰轰烈烈，色彩斑斓。

不断挑战，才能超越自我

我们最大的敌人就是我们自己。我们往往不是被别人打败，而是被自己打败。我们因为自卑，颓废了意志；因为懒惰，丧失了机会；因为骄傲，蒙蔽了双眼。如此种种，不成功不是因为外界的因素，而是因为自身的弱点。

一个人想要潇潇洒洒、快快乐乐地过一生，首先就要认识自我，然后就

人生是一种态度

要不断地挑战自我。

当我们呱呱坠地时，我们就踏上了挑战自我的征程，跌爬摔打、艰难爬行，只为能够赢得一个完满的人生。从爬到走，从跑步到骑自行车直至驾驶汽车，人的潜能促使我们不断地超越自我速度的极限。当我们开始牙牙学语，隐约懂事，我们就开始追求自我的实现，写的第一个字，烧的第一顿饭，拿到的第一个满分，拿到的第一份薪水，无不给我们成功的喜悦和收获的快乐。

一位武术高手参加比赛，自负地认为一定可以夺得冠军。

当打到中途，武术高手警觉到，自己竟然找不到对手的破绽，而对方的攻击却往往能突破自己的漏洞。

比赛结果可想而知，武术高手失去了冠军奖杯。

他愤愤不平地回去找师父，央求师父帮他找出对方的破绽，好在下次比赛时打倒对方。师父却笑而不语，只是在地上画了一条线，要他在不擦掉这条线的情况下，设法让线变短。他百思不得其解，最后还是请教了师父。

师父笑着在原先那条线的旁边，又画了一道更长的线。两相比较之下，原来那条线，看起来短了很多。

这时师父说道："夺得冠军的重点，不在如何攻击对方的弱点，正如地上的线一样。只要你自己变得更强，对方也就在无形中变弱了。如何使自己更强，才是你需要苦练的。"

"人外有人，山外有山"，没有谁可以成为最强，要想常胜，就必须不断努力，攀登新的高峰。

向自我挑战，其实并没有那么难，只要我们每天进步一点点，循序渐进，就能够不断突破自己的局限。

一位音乐系的学生走进练习室，在钢琴上，摆着一份全新的乐谱。"超高难度……"他翻动着乐谱，喃喃自语，感觉自己对弹奏钢琴的信心似乎跌到了谷底，消磨殆尽。已经3个月了！自从跟了这位新的指导教授之后，他不知道，为什么教授要以这种方式整人。他勉强打起精神，开始用十指奋战、奋战、奋战……琴音盖住了练习室外教授走来的脚步声。

指导教授是个极有名的钢琴大师。授课第一天，他给自己的新学生一份乐谱，"试试看吧！"他说。乐谱难度颇高，学生弹得生涩僵滞、错误百出。"还不熟，回去好好练习！"教授在下课时，如此叮嘱学生。

第三篇　黄金心态　缔造阳光心态，享受阳光生活

　　学生练了一个星期，第二周上课时正准备让教授验收，没想到教授又给他一份难度更高的乐谱，"试试看吧！"教授说。而上星期的课，教授提也没提。学生再次挣扎于高难度的技巧挑战。

　　第三周，更难的乐谱又出现了。同样的情形持续着，学生每次在课堂上都被一份新的乐谱所困扰，然后把它带回去练习，接着再回到课堂上，重新面临两倍难度的乐谱，却怎么样都赶不上进度。学生感到越来越不安，非常沮丧和气馁。他问教授：为什么每次都要让他这么痛苦。

　　教授没开口，他抽出了最早的那份乐谱，交给学生。"弹奏吧！"他以坚定的目光望着学生。

　　不可思议的事情发生了，连学生自己都惊讶万分，他居然可以将这首曲子弹得如此美妙、如此精湛！教授又让学生试了第二堂课的乐谱，学生依然呈现超高水准的表现……演奏结束，学生怔怔地看着老师，说不出话来。

　　"如果，我任由你表现最擅长的部分，可能你还在练习最早的那份乐谱，就不会有现在这样的成就……"钢琴大师缓缓地说。

　　那些我们熟悉的领域与专业，我们做起来固然会得心应手，但若长久停留在同一个水平线上，那么再多的重复也无济于事。生命需要不断地自我挑战，只有朝着一个更高的难度奋进，我们的水平才能得到提高。

　　在这个世界上，只有强者才能掌握自己的命运，也只有强者才能够在芸芸众生中脱颖而出。一个人，无论别人有多么辉煌都与你无关，重要的是你要开创你自己的辉煌。只有不断地超越自己，你才能一步步成长壮大。

　　人生最大的挑战就是挑战自己。有位作家说得好："自己把自己说服了，是一种理智的胜利；自己被自己感动了，是一种心灵的升华；自己把自己征服了，是一种人生的成熟。大凡说服了、感动了、征服了自己的人，就有力量征服一切挫折、痛苦和不幸。"

　　挑战自我，就要不满于现状，不屈服于命运，不畏惧困难，不相信神话，勇于挑战生命的极限。

　　挑战自我，就要不断求新求进步，敢于开辟新的征程，乐于接受新的风雨，不墨守成规，不故步自封，敢于体验置之死地而后生的快乐。

第十二章
豁达心态

什么是豁达心态

豁达是一种明智的处世方式，是一种人生态度，一种人生境界。

三伏天，寺院的草地枯黄了一大片。"快撒点种子吧。"小和尚说。

师父挥挥手："随时！"

中秋，师父买了一包草籽，叫小和尚去播种。

秋风起，草籽边撒边飘。"不好了！好多种子都被吹飞了。"小和尚喊。

"没关系，吹走的多半是空的，撒下去也发不了芽。"师父说，"随性！"

撒完种子，跟着就飞来几只小鸟啄食。"怎么办？种子都被鸟吃了！"小和尚急得跳脚。

"没关系！种子多，吃不完！"师父说，"随遇！"

半夜一阵骤雨，小和尚早晨冲进禅房："师父！这下真完了！好多草籽被雨水冲走了！"

"冲到哪儿，就在哪儿发芽！"师父说，"随缘！"

一个星期过去了，原本光秃秃的地面，居然长出许多青翠的草苗。一些原来没播种的角落，也泛出了绿意。小和尚高兴得直拍手。师父点头："随喜！"

"随"是豁达的一种表现形式，它不是随便，而是顺其自然，是不过度、不强求、不忘形。拥有豁达的胸怀，便能拥有洒脱的人生。

豁达决定着一个人的生活是否能真的幸福，我们要做到让自己的心豁达起来，就得明白一些人生道理。

豁达，需要你控制自己的欲望。我们拥有官能，必然存在欲望。合理地觅食求偶，无可非议，但欲望超出了一定的原则和范围，就会成为罪恶。恣意纵欲，可以污染人心、腐蚀国家。克制你的欲望，使之合理适度，这是使心灵归于祥和平静的一个重要法门。

豁达，能让你学会无私。每个人都有各自的工作和生活，如果一个人在工作和生活中，追求的是贡献于社会，努力创造为的是民族和国家，而不仅仅是博取功名利禄，那么，他就往往不会为时时都可能发生的不公而抱怨、牢骚满腹、耿耿于怀。相反，他会因对同胞、社会、民族有所奉献而内心畅通光明，坦然无悔。一个为自己打算的人凡事斤斤计较，一遇报酬不相应，便会滋生被遗忘、被冷落、被否定的感觉，心理的平衡与安宁必然荡然无存。只索取不奉献，就会背弃自己作为社会成员应尽的责任。如此，固然省了精力，图了轻松，得了财富，却会为良心恒久的亏欠和懊悔所折磨，遭人白眼唾骂，这样更是损了人格，失了尊严。

豁达，需要你有自知之明。人们能否得到心灵豁达，能否正确评价自我和确立自我追求是很重要的。一个人评价自我，是通过认识自己的长处和短处来进行的。如果夸大长处，必会傲气盈胸，自命不凡；夸大短处，则易使人自惭形秽，自暴自弃。而只要自我评价失真，人们就会不知道自己应该做什么和能做些什么，在追求目标的选择上就容易陷入盲目。一个人只有自我评价恰如其分时，才能表现得心宁情畅，不骄不躁，不卑不亢。因此生活目标必须要适度。一种既能充分激发自己的潜力，经过努力又能达到的目标，将使人们内心坚定而踏实，并充满乐观、自信、自尊与自豪。追求豁达的人，必然是一个能够积极、认真了解自己的人！

豁达，让你学会自省。人非先天就是圣人，心中难免会有这样那样的错误、暗淡、罪恶、虚伪的念头。存有这些念头并不可怕，可怕的是放纵、任性和宽恕自己，从而造成恶性循环，使自己的心灵永远生活在黑暗中，最后被毁灭。人应该经常反省自己，警惕自己，告诫自己，使这些念头逐渐得到抑制乃至消除。一个人只有不断地清洗自己的心，扫除思想上的桎梏和精神上的烟雾，才能扩大胸怀。雨果说："世界上最辽阔的是大海，比大海更辽阔的是天空，比天空更辽阔的是人的胸怀。"雨果所说的，正是那些豁达的人。

豁达是一种情操，更是一种修养。只有豁达的人，才真正懂得善待自己，善待他人，生活才能充满快乐，这也才是豁达的人生。

人生需要一种豁达

在漫漫旅途中，失意并不可怕，受挫也无须忧伤，只要心中的信念没有萎缩，只要自己心灵的季节没有严冬。艰难险阻是人生对你另一种形式的馈赠，坑坑洼洼也是对你意志的磨砺和考验。落英在晚春凋零，来年又会灿烂一片；黄叶在秋风中飘落，春天又将焕发出勃勃生机。

正所谓：心无芥蒂，天地自宽。具有豁达性格的人，他们眼睛里流露出来的光彩会使整个人生都溢彩流光。在这种光彩之下，寒冷会变成温暖，痛苦会变成舒适。这种性格使智慧更加熠熠生辉，使美德更加迷人灿烂，使人性更加完美。

戴尔·卡耐基小时候，家乡有几年旱灾非常严重。那时整个美国经济大萧条，而农民却受到更大的煎熬，没有人会知道到底是什么原因让春天该来的雨缺席了，使新种的玉米和小麦得不到雨水的滋润。卡耐基的父亲把他所能存下来的一点点积蓄都花在做种子用的玉米上。

当卡耐基看到家里最后的一点儿钱换成了种子，他一直在担心，父亲怎么敢将种子撒在那片土地上，种子可能会干枯而一无所获。于是他问父亲："为什么要冒这个险呢？"

"不会冒险的人永远不会成功！"这是父亲的哲学。

只要无惧于尝试，没有人会彻底失败。

然而，小河里的水日趋减少并干涸，随后，整个夏季被大旱所折磨着，河流干枯了，鱼儿一条条死去，最可怕的是，谷物全都枯萎了。

到了秋天收获时，卡耐基的父亲从这半英亩土地上仅获得了不到半辆货车的玉米，如果这是正常的一年，丰收的玉米一定会装满数十辆的货车。

卡耐基忘不了父亲那晚在餐桌前的一段话：

"仁慈的上帝，感谢您让我今年什么都没有失去，您把种子还给了我，谢谢您！"

比尔·盖茨曾说过："没有豁达就没有宽容。无论你取得多大的成功，

第三篇　黄金心态　缔造阳光心态，享受阳光生活

无论你爬过多高的山，无论你有多少闲暇，无论你有多少美好的目标，没有宽容心，你仍然会遭受内心的痛苦。

豁达是一种超脱，是自我精神的解放。豁达是一种宽容、恢弘大度，胸无芥蒂，肚大能容，吐纳百川。飞短流长怎么样，黑云压城又怎么样，心中自有一束不灭的阳光。以风清月明的态度，从从容容地对待一切，待到廓清云雾，必定有柳暗花明。

豁达是一种博大的胸怀、超然洒脱的态度，也是人类个性最高的境界之一。一般说来，豁达开朗之人比较宽容，能够对别人不同的看法、思想、言论、行为以致他们的宗教信仰、种族观念等都加以理解和尊重，不会轻易把自己认为"正确"或者"错误"的东西强加于别人。他们也有不同意别人的观点或做法的时候，但他们会尊重别人的选择，给予别人自由思考和生存的权利。有时候，往往是豁达产生宽容，宽容导致自由。因此，如果大家希望享有自由，每个人均应采取两种态度：在道德方面，大家都应有谦虚的美德，每个人都应该持有自己的看法；在心理方面，每个人都应有开阔的胸襟，能以兼容并蓄的雅量来宽容与自己不同甚至相反的意见。

有一位禅师，非常喜爱兰花，在平日讲经之余，花费了许多的时间栽种兰花。有一天，他要外出云游一段时间，临行前交代弟子：要好好照顾寺里的兰花。

在这期间，弟子们总是细心照顾兰花，但有一天在浇水时却不小心将兰花架碰倒了，所有的兰花盆都跌碎了，兰花散了满地。弟子们因此非常恐慌，打算等师父回来后，向师父赔罪领罚。

禅师回来了，闻知此事，便召集弟子们，不但没有责怪，反而说道："我种兰花，一来是希望用来供佛，二来也是为了美化寺里环境，不是为了生气而种兰花的。"

禅师说得好，"不是为了生气而种兰花的"。而禅师之所以看得开，是因为他虽然喜欢兰花，但心中却无兰花这个障碍。因此，兰花的得失，并不影响他心中的喜怒。

人生注定是一条坎途，一条不以任何人的意志为转移的路途。人这一辈子与其悲悲戚戚、郁郁寡欢地过，倒不如痛痛快快、潇潇洒洒地活。可人生一世，那么多的风风雨雨，坎坎坷坷，怎样才能活得洒脱自在？豁达就是这

其中的奥秘。豁达是一种超脱，是自我精神的解放，人要是成天被名利缠得牢牢的，得失算得精精的，那还谈什么超脱与豁达。豁达就要有点豪气。

凡事到了"淡"，就到了最高境界，天高云淡，一片光明。人肯定要有追求，追求是一回事，结果是另一回事。你就记住一句话：事物的发生发展都必须符合时空条件，有"时"无"空"、有"空"无"时"都不行。人活得累，是心累，常唠叨这几句话就会轻松许多："功名利禄四道墙，人人翻滚跑得忙；若是你能看得穿，一生快活不嫌长。"

人生不售回程票，在人生的旅途中，只有豁达的人才能走出狭隘，拥有幸福，他们能随时随地背起自己的行囊，奔向远方陌生的旅程。

豁达使人宠辱不惊

面对人生时，我们需要一种宠辱不惊的平和，正所谓：任天上云卷云舒，去留无意。这种平和能够使你视金钱如粪土，视功名为过眼烟云。拜伦说："真正有血性的人，绝不乞求别人的重视，也不怕被人忽视。"爱因斯坦用支票当书签，居里夫人把诺贝尔奖章给女儿当玩具。莫笑他们的"荒唐"之举，这正是他们淡泊名利的平常心的表现，是他们崇高精神的折射。他们赢得了世人的尊重和敬仰，也震撼了我们的灵魂。

一位禅师叫白隐，无论别人怎样评价他，他从不加以争辩，每次都只是淡淡地说一句："就是这样吗？"

在白隐禅师所住的寺庙旁，住着一家三口，女儿年方18，长得如出水芙蓉。上门提亲的人不少，老两口都不满意，便都回绝了。无意间，夫妇俩发现尚未出嫁的女儿竟然怀孕了。这种见不得人的事，使得她的父母震怒异常！在父母的一再逼问下，她终于吞吞吐吐地说出"白隐"两字。

她的父母怒不可遏地去找白隐理论，但这位大师仍不置可否，只若无其事地答道："就是这样吗？"孩子生下来后，就被送给白隐。此时，他的名誉虽已扫地，但他并不以为然，只是非常细心地照顾孩子。他向邻居乞求婴儿所需的奶水和其他用品，虽不免横遭白眼，或是冷嘲热讽，他总是处之泰然，仿佛他是受托抚养别人的孩子一样。

第三篇　黄金心态　缔造阳光心态，享受阳光生活

事隔一年后，这位没有结婚的女儿，终于不忍心再欺瞒下去了，她老老实实地向父母吐露真情：孩子的生父是街北的一位青年。

她的父母立即将她带到白隐那里，向白隐道歉，请他原谅，并将孩子带回。

白隐仍然是淡然如水，他只是在交回孩子的时候，轻声说道："就是这样吗？"仿佛不曾发生过什么事；即使有，也只像微风吹过耳畔，霎时即逝！

白隐为给邻居女儿以生存的机会和空间，代人受过，牺牲了为自己洗刷清白的机会，受到人们的冷嘲热讽，但是他始终处之泰然。"就是这样吗？"这平平淡淡的一句话，就是对"宠辱不惊"最好的解释，而我们现代人缺乏的正是这一点。

是非公道自在人心。人是为自己而活的，不要让外物的得失乱了自己的心。白隐守住了自己心中的那份平和，外界的非议对他来说，自然也就无足轻重了。

平和贵在平常，对待外物得失的超然只是其外在表现，真正平和的是一颗心。内心修炼至宠辱不惊的境界，不仅能使人正确对待得失，更能使人在人生的大痛苦、大挫折前波澜不惊，生死不畏，于无声处听惊雷。上不负天，下无愧人，旦夕祸福，知天达命，不违自然。我们应该善于从最平常的事物中发现至真至美，绝不用别人的错误来惩罚自己。小人常常得志，不以为奇；君子坦荡荡，小人长戚戚，得意能几时？无端欺我，是他有病，我无恙也。

宠辱不惊，表现的是超脱了眼前的荣辱得失，心清如水，它是人生一大智慧。我们应懂得从失意处觅希望，从万全处见危机。我们应懂得猝然临之而不惊，无故加之而不怒。我们还应懂得得意不自持，失意不自失，不因为荣辱兴衰而扰乱一池清心。他人之恩，自是铭心；他人之过，却是云烟，不要为他人的作为而打翻心中的天平。

宠辱俱平常，人生境界实不平常。事事平常，事事也不平常。

无论处于何种环境下都能做到宠辱不惊，那一定是个了不起的人，就如孔子所赞美的，不是个圣人，也是个贤人。

当自己春风得意之时，便会感觉生活处处充满阳光；而一旦遇到困难，或身处逆境时，就觉得生活阴暗，甚至感到世界的末日即将来临。这样实在不明智。我们每个人拥有90%的长处，而只有10%的不足。问题是，你如何发现和对待这90%与10%的关系。当你将自己的90%与他人相比时，你

不禁会感叹：原来我如此富有！

这 90% 在于内心，而 10% 在于外界，不要因小失大，让这 10% 侵占了 90%。

宠辱不惊是一道精神防线。成功了要时时记住，世上的任何一样成功或荣誉都依赖周围的其他因素，绝非你一个人的功劳。失败了不要一蹶不振，只要奋斗了，拼搏了，你就可以无愧地对自己说："天空没有留下我的痕迹，但我已飞过。"（泰戈尔语）这样就会赢得一个广阔的心灵空间，得而不喜，失而不忧，从而把自己的人生提升到一种宠辱不惊的境界。

放弃贪婪，放开心灵

托尔斯泰讲过一个哲理小故事：有一个人有恩于地主，地主就对他说："清早，你从这里往外跑，跑一段就插个旗杆，只要你在太阳落山前赶回来，插上旗杆的地都归你。"于是，那人就不要命地跑，太阳偏西了还不知足。太阳落山前，他是跑回来了，但人已精疲力竭，摔个跟头就再没起来。于是有人挖了个坑，就地埋了他。牧师在给这个人做祈祷的时候，指着他的墓地说："一个人需要多少土地呢？就这么大。"

人生的许多沮丧都是因为你得不到想要的东西，其实，我们辛辛苦苦地奔波劳碌，最终的结局不都是只剩下埋葬我们身体的那点土地吗？伊索说得好："许多人想得到更多的东西，却把现在所拥有的也失去了。"这可以说是对得不偿失最好地诠释了。

其实，人人都有欲望，都想过美满幸福的生活，都希望丰衣足食，这是人之常情。但是，如果把这种欲望变成不正当的欲求，变成无止境的贪婪，那我们就无形中成了欲望的奴隶。在欲望的支配下，我们不得不为了权力、为了地位、为了金钱而削尖脑袋钻营。我们常常感到自己非常累，但是仍觉得不满足，那是因为在我们看来，很多人比我们的生活更富足，很多人的权力比我们更大。所以我们别无出路，只能硬着头皮往前冲，在无奈中透支着体力、精力与生命。

这个世界有太多的诱惑，因此有太多的欲望。一个人想要以清醒的心智和从容的步履走过岁月，那么他必定不能缺少淡泊的心境。虽然我们都渴望成功，渴望生命能在有生之年画出优美的轨迹，但我们真正需要的是一种平平淡淡的快乐生活，一份实实在在的成功。这种成功，不必努力苛求轰轰烈烈，不一定要有那种揭天地之奥秘、救万民于水火的豪情，只要有一份平平淡淡的追求就足矣！

生活并不是只有功和利。尽管我们知道必须去奔波赚钱才可以生存，尽管我们知道生活中有许多无奈和烦恼。然而，只要我们拥有一份豁达之心，量力而行，坦然自若地去追求属于自己的真实，就能做到宠亦泰然，辱亦淡然，有也自然，无也自在，如淡月清风一样来去不觉。

有了这份豁达的处世心态，你就会在简简单单的生活中快乐地生活。当你忙里偷闲与爱人、孩子一同去逛公园、看电影、搞野炊时，你会懂得，生活其实有很多内容。我们大可不必为了一个出国名额而彻夜不眠，大可不必为一次职位的晋升而寝食难安。在平日忙碌而充实的生活中，你忙但你有所收获；你平凡但你乐在其中；你斗室而居，但衣食自足。

也许，你没有辉煌的业绩可以炫耀，没有大把的钞票可以挥霍，但你拥有淡泊，这便是人生求之难得的幸福了。诸葛亮有言："非淡泊无以明志，非宁静无以致远。"豁达是一种真我，是英雄本色。追求豁达者，生活的道路上永远开满鲜花，永远芳香四溢；追求名利者，生活的道路上会遍布陷阱，只能在生命终结的一刹那体会到稍纵即逝的一丝快乐。

气量是一种风度

气量是一种高尚的人格修养，一种成大事的大将风度。人们都说气量大者"宰相肚里能撑船"，这里面其实有一段相当有趣的典故。

相传，宋朝有一宰相中年丧妻，后娶名门才女姣娘继室。婚后，宰相忙于国事，常不回家。而姣娘正值妙龄，难耐寂寞，便与家中一书童偷情。事情很快传到宰相的耳朵里。一天，他假称外出办事，悄悄藏在家中，让轿夫抬着空轿子出了门。深夜，他蹑手蹑脚地溜到居室的窗外，听到俩人正在调情，就很生气。但他并没有惊动屋里的人，而是拿起一根竹竿朝树上的老鸹窝捅了几下，老鸹惊叫着飞走了。屋里偷情的书童闻声忙从后窗逃走。

人生是一种态度

　　转眼到了中秋，宰相想借饮酒赏月之时婉言相劝姣娘，便趁着酒兴说："饮空酒无趣，我吟诗一首你来作答如何？""是。"姣娘答。宰相吟道：

　　"日出东来还转东，乌鸦不叫竹竿捅，鲜花搂着棉蚕睡，撒下干姜门外听。"

　　姣娘一听就脸红了。"扑通"跪在丈夫面前答道：

　　"日出东来转正南，你说这话整一年。大人莫见小人怪，宰相肚里能撑船。"

　　宰相见她诚心认错，心也就软了。他想：自己已经花甲，而姣娘正值花季，不能全怪她，与其责怪他们不如成全他们。中秋节后，宰相赠白银千两，让书童与姣娘成了亲。事情传开后，人们对宰相的宽宏大量赞不绝口，"宰相肚里能撑船"成了千古美谈。

　　古人有与人为善、成人之美、修身立德的谆谆教诲，一个人若肚量大，性格豁达，他就能纵横驰骋；若纠缠于无谓鸡虫之争，非但有失儒雅，而且会终日郁郁寡欢，神魂不定。唯有对世事时时心平气和、宽容大度，才能处处契机应缘、和谐圆满。

　　有人的地方总免不了有矛盾甚至钩心斗角，各种利害冲突使人不可能不发生摩擦。有君子，就有小人；有温情，就有冷漠。如何在一个复杂的群体当中站稳脚跟，并得到大多数人的支持和帮助呢？只有包容才可以。

　　"君子贤而能容霸，智而能容愚，博而能容浅，粹而能容杂。"在生活中，我们随时都会遇到一些对自己不公的人和事，当别人侵犯到我们时，我们应当怎么办呢？是针锋相对以怨报怨呢，还是以宽容为怀原谅别人呢？答案是：应当宽容之，理解之，原谅之，并以实际行动感化之。

　　做到"宰相肚里能撑船"无疑会带来良好的人际关系，自己也能生活得轻松、愉快；做到"宰相肚里能撑船"必定会营造一种和谐的气氛，利己利人。因此，包容就是建立良好人际关系的一大法宝。

　　唐代娄师德，器量超人，当他遇到无知的人指名辱骂时，总是装着没有听到。有人转告他，他却说："恐怕是骂别人吧！"那人又说："他明明喊你的名字骂！"他说："天下难道没有同姓同名的人吗？"有人还是不平，仍替他说话，他说："他们骂我而你叙述，等于重骂我，我真不想劳你来告诉我。"有一天入朝时，因其身体肥胖行动缓慢，同行的人说他："好似老农田舍翁！"娄师德笑着说："我不当田舍翁，谁当呢？"

　　清代中期，当朝宰相张廷玉与一位姓叶的侍郎都是安徽桐城人。两家毗邻而居，都要起房造屋，为争地皮，发生了争执。张老夫人便修书北京，要张廷玉出面干预。这位宰相看罢来信，非但没有帮家里人说话，反而立即作诗劝导老夫人："千里家书只为墙，让它三尺又何妨？万里长城今犹在，不见当年秦始皇。"张母见书明理，立即把墙主动退后三尺；叶家见此情景，深感惭愧，也马上把墙让后三尺。这样，张叶两家的院墙之间，就形成了六尺宽的巷道，成了有名的"六尺巷"。

要心怀坦荡，宽容他人，就必须做到互谅、互让、互敬、互爱。互谅就是彼此谅解，不计较个人恩怨。人都是有感情和尊严的，既需要他人的体谅，又有义务体谅他人。人与人之间有了互谅，在任何情况下，都能保持平静的心境和宽厚的品格。互让，就是彼此谦让，不计较得失。心底无私天地宽，淡泊名利，摒弃私心杂念，自觉做到以整体利益为重，把好处让给别人，把困难留给自己，相互之间的矛盾就容易化解；争名于朝，争利于市，一事当前先替自己打算，对个人得失斤斤计较，是难以与他人和睦相处的。互敬，就是彼此尊重，不计较我高你低。

尊重别人是一种美德，"敬人者，人自敬之"，尊重别人，自然会获得别人的好感和尊重。如果无视他人的存在，不尊重他人的人格，就不会有知心朋友。互爱，就是彼此关心，不计较品格气质的差异。爱能包容大千世界，使千差万别、迥然不同的人和谐地融为一个整体；爱能融化隔膜的坚冰、抹去尊卑的界线，使人们变得亲密无间；爱能化解矛盾芥蒂，消除猜疑、嫉妒和憎恨，使人间变得更加美好。

能否拥有气量，关键靠三点：一是平等的待人态度。不自认为高人一等，能够保持一颗平常心，平视他人，尊重他人；二是宽阔的胸襟。胸怀坦荡，虚怀若谷，闻过则喜，有错就改；三是宽容的美德。能够仁厚待人，容人之过。总的来说，气量，实际上反映了一个人的素养和品性。

第十三章
感恩心态

什么是感恩心态

　　1620年，100多位清教徒乘坐"五月花"号船到美国去寻求宗教自由。在寒冷的11月，他们在现在的马萨诸塞州的普利茅斯登陆。在第一个冬天里，他们受尽苦难，半数以上的移民死于饥饿和传染病，到春天来临时，只剩下50多人存活。善良的印第安人给移民们送来了生活必需品，还教他们怎样狩猎、捕鱼和种植。第二年他们获得了丰收。为了感谢上帝的恩典和印第安人的帮助，大家决定要选一个日子来感谢这一切。1789年，华盛顿总统在就职声明中宣布感恩节为美国正式节日，1863年美国总统林肯又宣布每年11月的最后一个星期四为感恩节，1941年美国国会通过每年11月的第四个星期四为感恩节。于是，在美国，感恩节以法律的形式固定下来。

　　感恩的意思是感谢给予。

　　感恩节一年只有一天，但一年有365天，是不是一年只需要在那一天感恩呢？其实并不是这样。感恩与否，是一个人的人生态度。如果你学着每天都在感恩，以感恩的态度面对每一件事，连不如意的事也会变得没什么了。风来了，我们感恩，它吹走了落叶；雨下了，我们感恩，它滋养了土地。记得有首《感恩的心》的歌，唱得非常好。

　　感恩的心，感谢有你，

　　伴我一生，

　　让我有勇气做我自己。

感恩的心，感谢命运，

花开花落我一样珍惜。

席慕蓉曾写下这样一段感性的文字："想一想要多少年的时光才能装满这一片波涛起伏的海洋？要多少年的时光才能把山石冲蚀成细柔的沙粒，并且均匀地铺在我们的脚下？要多少年的时光才能酝酿出这样一个清凉美丽的夜晚？要多少多少年的时光啊！这个世界才能等候我们的来临？"

很美的文字，很美的意境，但更美的是文字中所蕴藏的深沉而真挚的爱。这样充满爱的心灵，这样充满感恩的心灵，常常让我们感动良久。拥有这样美丽心灵的人必定会用自己全部的热情、全部的生命去回报社会，回报这美丽的自然界。

只因心中有爱，才能感恩这个世界，回报一片赤诚之心。

白天给了我们阳光，我们要抛开烦恼，尽情微笑，不然就辜负了这温暖和明朗。夜晚给了我们月光，我们应该在宁静而幽远的月光中静静沉思，我是否给他人带来了幸福？在清冷的月光中，心灵的尘埃会被月亮之手拂去，混浊的眼睛会被月光之水洗得明亮。自然是如此的美妙而多情，我们面对这片自然之美，只有全身心投入到它的怀抱，真诚地赞美它、爱护它。

父母赐予我们生命，以深沉如大海的父爱，温暖如阳光的母爱哺育我们，我们在无言的感动中知道了"血浓于水"。朋友给了我们友谊，他们用信任抚平我们的伤痛，用理解融化心灵之冰，用真诚为我们带来一方明亮的天空，我们在友情的香气中知道了世上有一株永不凋零的花。

社会赋予我们成长与智慧，用风雨去磨炼我们的翅膀，让我们傲然于天地间。回报社会是每个人的天职，青春、智慧、热血甚至生命。只有真诚回报社会，个人的力量才能焕发出灿烂夺目的光彩。关外牧羊的苏武，出塞和亲的王昭君，"中原北望气如山"的陆游，"踏破贺兰山阙"的岳飞，"我以我血荐轩辕"的鲁迅……他们多是苦难中的回报者，也是痛苦淋漓的回报者。他们名垂青史缘于一种山河梦、家国情，缘于一种义不容辞的豪迈，一种令人神往的激情，一种对父母之邦的感恩的情怀。

在这个世界上，值得你感恩的事情有很多。感谢所有曾经帮助过你的人，感谢你身边所有的人。感激伤害你的人，因为他磨炼了你的心态；感激欺骗你的人，因为他增进了你的见识；感激鞭打你的人，因为他消除了你的惰性；

感激遗弃你的人，因为他教会了你自立。

感恩之心会给我们带来无尽的快乐。为生活中的每一份拥有而感恩，能让我们知足常乐。感恩不是炫耀，不是停滞不前，而是把拥有的一切看作是一种荣幸、一种鼓励，在深深感激之中进行回报的积极行动，与他人分享自己的拥有。感恩之心使人警醒并积极行动，更加热爱生活，使人的创造力更加活跃；感恩之心使人向世界敞开胸怀，投身到仁爱行动之中。没有感恩之心的人，永远不会懂得爱，也永远难以得到别人的爱。

拥有感恩之心的人，即使仰望夜空，也会有一种感动，正如康德所说："在晴朗之夜，仰望天空，就会获得一种快乐，这种快乐只有高尚的心灵才能体会出来。"

感恩是爱的根源，也是快乐的源泉。如果我们对生活中所拥有的一切心存感激，便能体会到人生的快乐、人间的温暖以及人生的价值。

感恩是一种有回报的付出

感恩，是一种有回报的付出。只有你付出爱心，你才能收获希望，在别人困难的时候，毫不犹豫地伸出救援的双手，在别人迷茫无助时，敞开怀抱让他们依靠……无私奉献你的爱，你收获的将是别人的感动和铭记，还有自己的满足和幸福。

一个美丽的圣诞之夜，哥特的哥哥送给他一辆新车作为圣诞礼物。圣诞节的前一天，哥特从他的办公室出来时，看到街上一个小男孩在他闪亮的新车旁走来走去，并不时触摸它，满脸羡慕的神情。

哥特饶有兴趣地看着这个小男孩。从他的衣着来看，他的家庭显然不属于自己这个阶层。就在这时，小男孩抬起头，问道："先生，这是你的车吗？"

"是啊，"哥特说，"这是我哥哥送给我的圣诞礼物。"

小男孩睁大了眼睛："你是说，这是你哥哥送你的，而你不用花一分钱？"

哥特点点头。小男孩说："哇！我希望……"

哥特原以为小男孩希望的是也能有一个这样的哥哥，但小男孩说出的却是："我希望自己也能当这样的哥哥。"

第三篇　黄金心态　缔造阳光心态，享受阳光生活

哥特深受感动地看着这个男孩，然后问他："要不要坐我的新车去兜风？"

小男孩惊喜万分地答应了。

逛了一会儿之后，小男孩转身向哥特说："先生，能不能麻烦你把车开到我家门前？"

哥特微微一笑，他理解小男孩的想法：坐一辆大而漂亮的车子回家，在小朋友面前是很神气的事。但他又想错了。

"麻烦你停在两个台阶那里，等我一下好吗？"

小男孩跳下车，三步并作两步地跑上台阶，进入屋内。不一会儿他出来了，并带着一个显然是他弟弟的小孩。这个小孩因患小儿麻痹症而跛着一只脚。他把弟弟安置在下边的台阶上，紧靠着他坐下，然后指着哥特的车子说："看见了吗？就像我在楼上跟你讲的一样，很漂亮对不对？这是他哥哥送给他的圣诞礼物，他不用花一分钱！将来有一天我也要送你一部和这一样的车子，这样你就可以看到我一直跟你讲的橱窗里那些好看的圣诞礼物了。"

哥特的眼睛湿润了，他走下车子，将小弟弟抱到车子前排座位上。他的哥哥眼睛里闪着喜悦的光芒，也爬了上来。于是三个人开始了一次令人难忘的假日之旅。

在这个圣诞节，哥特明白了一个道理：给予比接受更令人快乐。

很多人都只知道一味索取，但他们快乐吗？当他们贪得无厌地掠取利益时，他们丧失了更宝贵的东西。而懂得付出的人，就像那个小男孩一般，不仅感动了别人，更让自己充满快乐。付出，并不是没有收获，它会让你得到更美好的东西。

海伦·凯勒曾说："任何人出于他善良的心，说一句有益的话，发出一次愉快的笑，或者为别人铲平粗糙不平的路，这样的人就会感到欢欣是他自身极其亲密的一部分，以至于他愿意终身去追求这种欢欣。"在生活中，一个表情、一句问候、一个眼神、一件小事，都可以让我们感动，因为这种小小的付出后面，蕴藏的是一片真挚的爱心。罗曼·罗兰说得好："快乐不能靠外来的物质和虚荣，而要靠自己内心的高贵和正直。"

感恩，是一种对于万物都无私付出的爱心。对于爱，付出便是得到，感恩，便是这样一种有回报的付出。

人生是一种态度

曾经有一个贫穷的小男孩,他为了攒够学费去上学,便挨家挨户地去推销商品。他劳累了一整天,感到十分饥饿,但摸遍全身,却只有一角钱。怎么办呢?他决定向下一户人家讨口饭吃。但当一位美丽的年轻女子打开房门的时候,这个小男孩却有点不知所措了,他没有要饭,只求她给他一口水喝。这位女子看到他很饿的样子,就拿了一大杯牛奶给他。男孩慢慢地喝完牛奶,问道:"我应该付多少钱呢?"年轻女子回答说:"一分钱也不用付。妈妈跟我说,施以爱心,不图回报。"男孩说:"那么,就请接受我由衷的感谢吧!"说完男孩离开了这户人家。此时,他感到自己浑身都是劲儿。

过了很多年,那位年轻女子得了一种十分少见的重病,当地的医生对这种病束手无策。最后,她被转到一个大城市去医治,并由专家来会诊治疗。而大名鼎鼎的霍华德·凯利医生也就是当年那个小男孩,他也参与了医治方案的制订。当他看到病例上所写的病人的来历时,有一个奇怪的念头闪过他的脑海,他马上起身直奔病房。

来到病房,凯利医生一眼就认出床上躺着的病人正是那位曾帮助过他的恩人。他回到自己的办公室,决心一定要竭尽所能来帮助恩人把病治好。从那天开始,他就特别地关照这位病人。经过艰辛的努力,手术终于成功了。凯利医生要求把医药费通知单送到他那里,在通知单的旁边,他签了字。

当这张医药费通知单送到这位特殊的病人手上时,她不敢看,因为她确信,治病的费用将会花去她的全部家当。但最后,她还是鼓足勇气,翻开了医药费通知单。但令她惊讶的是,上面写着:

医药费——一满杯牛奶。霍华德·凯利医生

这个年轻女子的举手之劳,却换来了曾经贫穷无助的霍华德医生一生的感激。当年她在给那个男孩一杯牛奶时,也许她永远不会想到,当年的男孩会给她如此昂贵的报答。

我们平常所说的"好人有好报"便是这个道理。我们或许给予别人的只是一点小小的帮助,但在他人眼里,却无异于天降甘露,甜美万分。他们会将这份恩惠牢牢铭记于心,在我们需要时,以数倍甚至数百倍的回报回馈给我们。

或许,我们的付出不能立刻得到物质的回报,但日子久了,不经意间一抬头,你会惊喜地发现,自己曾经播下的种子已经长成一棵大树,上面有好多鸟儿在歌唱。这种幸福是人心中的天堂,它就在你我心中,而不必在大千世界里苦苦地求索。付出本身，便是一种回报。

感恩让你坦然面对坎坷

有一个女儿常常对父亲抱怨自己遇上的事情总是那么艰难，她不知道该如何应付生活，好像一个问题刚解决，新的问题就又出现了。

一天，父亲把她带到厨房，把水倒进三口锅里，然后用大火煮开，不久锅里的水烧开了。他在第一口锅里放进了胡萝卜，第二口锅里放入鸡蛋，最后一口锅里则放入研磨成粉状的咖啡豆，他小心地将它们放进去用开水煮，但一句话也没说。

女儿见状，一直嘟嘟囔囔，很不耐烦地等着，不明白父亲到底要做什么。

大约20分钟后，父亲把炉火关闭，把胡萝卜和鸡蛋分别放在一个碗内，然后把咖啡舀到一个杯子里。

做完这些后，他这才转过身问女儿："亲爱的，你看见什么了？"

"胡萝卜、鸡蛋和咖啡。"她回答。

他让她靠近些，要她用手摸摸胡萝卜，她发现它们变软了。接着，他又让女儿拿着鸡蛋并打破它，然后将壳剥掉，她看到了煮熟的鸡蛋。

最后，父亲让她喝口咖啡，品尝到香浓的咖啡时，女儿终于笑了。

她怯声问："父亲，这意味着什么？"

父亲回答说："这三样东西都是在煮沸的开水中，但它们的反应却各不相同：胡萝卜入锅之前是强壮结实的，但进入开水后，它就变得柔软了；而鸡蛋本来是易碎的，只有薄薄的外壳保护着，但是一经开水煮熟，它的内部却变硬了；至于粉状咖啡豆则很特别，进入沸水之后，它彻底改变了水的特质。感恩就如这咖啡豆一般，在苦难的煎熬下，孕育出香浓的芬芳。"

你可以把自己的人生编成欢乐的喜剧，也可以搞成痛苦不堪的悲剧，一切都由你决定。

他的脸庞挂满恬静的微笑，艰难地在键盘上叩击出了这样一段文字："我的手还能活动；我的大脑还能思维；我有终生追求的理想；我有爱我和我爱着的亲人与朋友；对了，我还有一颗感恩的心……"

人生是一种态度

　　谁能想到这段豁达而美妙的文字，竟出自一位在轮椅上生活了30余年的高位瘫痪的残疾人——世界科学巨匠霍金。

　　命运之神对霍金，在常人看来是苛刻得不能再苛刻了：他口不能说，腿不能站，身不能动。可他仍感到自己很富有：一根能活动的手指，一个能思维的大脑……这些都让他感到满足，并对生活充满了感恩之心。因而，他的人生是充实而快乐的。

　　与霍金相比，有的人什么也不缺，要手有手，要脚有脚，要金钱有金钱，可生活只给了他一点磨难，他就开始怨天尤人了。这样的人没有感恩之心，快乐也就与他失之交臂。

　　在现实生活中，我们常会遭遇事与愿违的结果，使我们不能平静。我们必须相信：目前我们所拥有的，不论顺境逆境，都是对我们最好的安排。若能如此，我们才能在顺境中感恩，在逆境中依旧心存喜乐。

　　有人说，上帝像精明的生意人，给你一分天才，就搭配几倍于天才的苦难。这话真不假。上帝很吝啬，绝不肯把所有的好处都给一个人，给了你美貌，就不肯给你智慧；给了你金钱，就不肯给你健康；给了你天才，就一定要搭配点苦难……当你遇到这些不如意时，不必怨天尤人，更不能自暴自弃，而应该用一种感恩的心态告诉自己：我们都是被上帝咬过的苹果，只不过上帝特别喜欢我，所以咬的这一口更大罢了。

　　世上每个人都是被上帝咬过一口的苹果，都是有缺陷的人。有的人缺陷比较大，是因为上帝特别喜爱他的芬芳。只要你相信，自己是"被上帝咬过一口的苹果"，你就能坦然面对人生坎坷，快乐迎接未来的生活。

　　感恩是一种处世哲学，是生活中的大智慧。人生在世，不可能一帆风顺，种种失败、无奈都需要我们勇敢地面对、旷达地处理。当挫折、失败来临时，是一味地埋怨生活，从此变得消沉、萎靡不振，还是对生活满怀感恩之情，跌倒了再爬起来？英国作家萨克雷说："生活就是一面镜子，你笑，它也笑；你哭，它也哭。"

　　感恩不是一种心理安慰，也不是对现实的逃避，更不是阿Q的"精神胜利法"。感恩，是一种歌唱生活的方式，它来自对生活的爱与希望。

　　学会感恩，我们就会懂得尊重他人，发现自我价值。懂得感恩，人间就少了歧视，我们就会以平等的眼光看待每一个生命，重新看待我们身边的每个人，我们会尊重每一份平凡普通的劳动，也更加尊重自己。在现代社会这个分工越来越细的巨大链条上，每个人都有自己的职责、自己的价值，每个人有意无意间都在为他人付出。当我们感谢他人时，第一个反应常常是今后自己应该怎么做，才能做得更好。

如果我们时时能用感恩的心来看这个世界，就会觉得这个世界很可爱、很富有。树上小鸟的轻唱，太阳无私的光和热，路旁花朵的芬芳，都会令你感到心旷神怡。

感恩生命，珍爱自我

非洲有一个部落，婴儿刚生下来就"获得"60岁的寿命，从60岁算起，随着婴儿长大，以后逐年递减，直到零岁。人生大事都得在这60年内完成，此后的岁月便颐养天年了。

好独特的计岁方法，人生不过是我们从上苍手中"借来"的一段岁月而已，过一年"还"一岁，直至生命终止。可惜我们常会产生这样一种错觉：日子长着呢！于是，我们懒惰，我们懈怠，我们怯懦……无论做错什么，我们都可以原谅自己，因为我们总觉得来日方长，不管什么事，放到明天再做也不迟。

但终有一日，死亡的阴影会笼罩我们，到那时我们才悚然而惊：糟了，总以为将来还长着呢，怎么死亡说来就来了。那些未尽的责任怎么办？那些未了的心愿怎么办？那些未实现的诺言怎么办？……可面对死亡通知书，人们只能踏上那条不归路。追悔也罢，遗憾也罢，那个早已写好的结局无人能够更改。面对即将降临的死神，也许人们会在迷迷糊糊中想起"譬如朝露，去日苦多"的感叹，想起"少壮不努力，老大徒伤悲"的教诲，可一切都悔之晚矣。

生命既是借来的一段光阴，当然是过一天少一天了。面对自己日渐减少的寿命，谁又能无动于衷呢？那个倒着计岁的非洲部落，他们的人生智慧真是令人惊叹。

每过一分钟，我们便会失去生命中的一分钟。

有人算过这样一笔账：假如人能活70岁，而每天睡觉8小时，那么70

人生是一种态度

年会睡掉 204400 小时，合 8517 天，为 23 年零 4 个月。这样，人还剩下 46 年零 8 个月的时间。此外，闲聊、看病等时间，再加上退休后不工作的时间，约合 36 年零 2 个月。如此算来，一个人活到 70 岁，自己只有 10 年零 6 个月的时间可以用来做些事情。更何况并不是人人都能活到 70 岁的。

由此看来，我们能真正拥有的时间寥寥无几。树枯了，有再绿的机会；花谢了，有再开的时候；燕子去了，有再回来的时刻；然而，人的时间一旦逝去，就如覆水难收，难以挽回。因此，时间对于我们每一个人来说都是最宝贵的财富，要珍惜时间，爱护生命，利用好你生命中的每分每秒。

曾经有个人异想天开，与佛祖进行了这样的一段对话：

佛祖问道："你想知道什么？"

他说："很想向你讨教，但不知道你是否有时间？"

佛祖笑道："我的时间是永恒的。你有什么想问的吗？"

"你感到人类最奇怪的是什么？"他问道。

佛祖答道：

"年少时，他们厌倦童年生活，急于长大，而年老后，他们又渴望返老还童。

"他们的财富是牺牲自己的健康换取的，然后他们又牺牲金钱来恢复健康。

"他们杞人忧天，对虚幻的未来充满不安，但却忘记了现在；于是，他们既不生活于现在之中，也不生活于未来之中。

"他们的生与死，都是僵硬无意义的。活着的时候好像从不会死去，但是死去以后又好像从未活过……"

佛祖握住他的手，他们沉默了片刻。

他问道："作为圣贤，你有什么箴言想告诫世人的？"

佛祖笑着答道：

"他们应该知道，不可能取悦于所有人，他们所能做的只是让自己被人所爱。

"他们应该知道，一生中最有价值的不是拥有功名利禄，而是拥有爱你和你爱的人。

"他们应该知道，攀比之风不应助长。

"他们应该知道，富有的人不是不断拥有的人，而是不断满足的人。

"他们应该知道，要在所爱的人身上造成深度的创伤只要几秒钟，但是治疗创伤则要花几年的时间，甚至更长。

"他们应该知道，爱有时是不善表达的，所以他们要学会发现。

"他们应该知道，金钱不是万能的，它永远也买不到幸福。

"他们应该知道，每个人眼中的世界都是不同的，每个人都拥有自己的小宇宙。

"他们应该知道，得到别人宽恕是不够的，他们也应当宽恕自己。

"他们应该知道，珍惜自我的存在。"

也许有人会问，佛祖真的存在吗？是的，他存在。因为佛祖就在我们的心中。与佛祖的这段对话，其实是对自己心灵的拷问：我们该如何爱自己。

人生中，我们总是被这样那样的事所困扰，不懂得爱自己。这样的人，既不会爱别人，也得不到别人的爱。只有珍爱自己，才会懂得珍爱别人，这是感恩的第一条法则。

生活中存在着这样一个理论，即为了与他人建立积极而健康的关系，你必须先与自己建立一个积极而健康的关系。

因为不敢爱自己，不会爱自己，没有爱过自己，没有爱自己的习惯，结果在感恩的过程中我们无法做到"爱别人"。因为我们自卑，自信消失了，随之消失的还有志气、理想、信念、憧憬、主见和创造的精神。

即使你是一个不起眼的平凡者，哪怕你一无是处，你仍然可以珍爱自己。因为你就是你，你是世界上任何一个人都无法替代的人。我们始终都在走一条路，一条属于自己的路；我们始终都在营造一处风景，一道涂抹着个性色彩的风景。路在延伸，风景依然亮丽，我们把朝霞走成了夕阳，把暖春走成了寒冬……我们为什么不能爱自己呢？

只有珍爱自己才能珍爱他人，如果我们不了解、不信任自己，我们就不能很好地了解和信任他人。

所以，我们面临的挑战就是与我们自己建立一种良好的自爱关系，这种自爱关系应该充满信任、真诚、尊重、安全、慷慨、灵活、乐观、宽容、敏感和创造，这是你爱他人、建立与他人良好关系的必经之路。通过了解你是谁，以及你何以成为现在的你，你一定能够做出明智的选择，把自己塑造成一个你理想中的人。

我们没有太阳的灿烂，但可以有月亮的皎洁；我们没有高山的巍峨，但可以有小丘的清秀；我们没有大江的奔腾，但可以有小河的涓细；我们没有苍鹰的高翔，但可以有小鸟的低飞。每个人都有自己的位置，每个人都能找到自己的位置，发出自己的声音，踏出自己的通途，做出自己的贡献。我们应该相信：正因为有了千千万万个"我"，世界才变得丰富多彩，生活才变得美好无比。我们有一万个理由去珍爱自己，让自己活得更精彩，更美好。

感谢对手

没有对手，你的生存也就没有了意义。

1996年世界爱鸟日这一天，芬兰维多利亚国家公园应广大市民的要求，放飞了一只在笼子里关了4年的秃鹰。事过三日，当那些爱鸟者还在为自己的善举津津乐道时，一位游客在距公园不远处的一片小树林里发现了这只秃鹰的尸体。解剖发现，秃鹰死于饥饿。

秃鹰本来是一种十分凶悍的鸟，甚至可与美洲豹争食。然而它由于在笼子里关得太久，远离天敌，结果失去了生存能力。

无独有偶，一位动物学家在考察生活于非洲奥兰治河两岸的动物时，注意到河东岸和河西岸的羚羊大不一样，前者繁殖能力比后者更强，而且奔跑的速度每分钟要快13米。

他感到十分奇怪，既然环境和食物都相同，何以差别如此之大？为了解开其中之谜，动物学家和当地动物保护协会进行了一项实验：在两岸分别捉10只羚羊送到对岸生活。结果送到西岸的羚羊发展到14只，而送到东岸的羚羊只剩下了3只，另外7只被狼吃掉了。

谜底终于被揭开，原来东岸的羚羊之所以身体强健，只因为它们附近居住着一个狼群，这使羚羊天天处在一个"竞争氛围"中。为了生存下去，它们变得越来越有"战斗力"。而西岸的羚羊长得弱不禁风，恰恰就是因为缺少天敌，没有生存压力。

上述现象对我们不无启迪，生活中出现一个对手、一些压力或一些磨难，的确并不是坏事。

一份研究资料表明，一年中不患一次感冒的人，得癌症的概率是经常患感冒者的6倍。至于俗语"蚌病生珠"则更说明问题。一粒沙子嵌入蚌的体内后，它将分泌出一种物质来疗伤，时间长了，便会逐渐孕育出一颗晶莹的珍珠。

在动物世界中，天敌的存在，往往会让一个物种繁盛，而没有天敌的物种则会走向灭亡。最著名的例子就是恐龙，恐龙曾在地球上称霸一时，但是由于缺少天敌，它们最终走向了灭亡。没有天敌的动物往往最先灭绝，有天敌的动物则会逐步繁衍壮大。

大自然中的这一现象在人类社会也同样存在。有一位在金融界工作的职员，在一家公司做基金研究员时，主管老是看他不顺眼，处处刁难他，而且，当主管邀请办公室的同事下班后集体到他家吃火锅时，还总是将他忘掉。这位职员给自己打气的方式是，去更高级的地方吃更高级的火锅，比他还享受！主管要给他难堪，谁知他更得意！并且这位主管分配给他的基金，老是冷门商品，让他很难有业绩上的表现，但是他从来也不生气。现在，这位职员说："还好他这样对我，否则我现在只能在那里做研究分析。"这位主管的态度逼着他走出另一条路来，现在他在另一家公司的行销企划部如鱼得水。"很感谢他对我的造就。"这位职员说。

米勒在小镇上有一家米店。这家米店是他爸爸传下来的。他爸爸又是从他爷爷手里接过来的。他爷爷开这家米店的时候，美国南北两方正在打仗。

米勒买卖公道，信誉很好。他的米店对镇上的人来说就像自己的手足，不可缺少。米勒的儿子在长大，米店就要有新接班人了。

可是有一天，一个投资者来拜访米勒，情况便变得严重了！此人说，他想买下这铺子，请米勒自己作价。

米勒怎舍得自己的米店？即便出双倍价格他也不能卖！这家米店不光是铺子，这是事业，是遗产，是信誉！

投资者耸耸肩，说："抱歉，我已选定街对面那幢空房子作为米店，粉刷一番，弄得富丽堂皇，再进些上好货品，卖得便宜，那时你就没生意了！"

米勒眼见对面空房贴出了翻新告示，一些木匠在里面锯呀刨呀，有一些漆匠爬上爬下，他感到气愤却又无计可施。最后，他无可奈何却又不无骄傲地在自家店门上贴了张告示：敝号系老店，95年前开张。

不久，对面也贴了一张告示：敝号系新店，下礼拜开张。

人们对比读了，无不痴痴暗笑。

人生是一种态度

新店开业前一天，米勒坐在他那阴暗的店堂里想心事。他真想破口把对手臭骂一顿。

"米勒，"他的母亲用低低的声音缓缓地说，"你巴不得把对面那房子放火烧了，是不是？"

"是巴不得！"米勒简直在咬牙切齿，"烧了有什么不好？"

"烧也没用，人家投了保险。再说，这样想也缺德。"

"那你说我该怎么想？"米勒冒着火。

"你该去祝愿。"

"祝愿天火来烧？"米勒说。

"你总说自己是个厚道人，米勒，可一碰到切身事就糊涂。你该怎么做不是很清楚吗！你应该祝愿新店开业成功。"

"你是不是糊涂了？妈妈。"

说是这么说，米勒还是决定去一次对面的店。

第二天早晨，新店还没开门，全镇人已等在外边。大家看着正门上方赫然写着"新美粮店"几个金字，都想进去一睹为快。

米勒也在人群中，他高高兴兴地跨到台阶上大声说："外乡老弟，恭喜开业，谢谢你给全镇人带来方便！"

他刚说完便吃了一惊，因为全镇人都围上来朝他欢呼，还把他举起来。大家跟着他进店参观。谁都关心标价，谁都觉得很公道。那个投资者牵着米勒的手，两个原本眈眈相向的生意人像老朋友一样。

后来，两家生意都做得十分兴隆，小镇也一年年变大了。

西方有这样一句谚语："感谢你的敌人吧，是他们使你变得如此坚强。"这句话说得颇有道理，因为朋友会在危难时帮你一把，而敌人却可在危难时成就你。

你应该感谢你的敌人，因为经历了与敌人的周旋，你才愈来愈经得起考验，愈来愈坚强。

歌德说："世间万物无一不是隐喻。你所与之为敌的人就是你的一面镜子，从中可以窥探你自己的胸襟与气魄。"人的胸襟有多大，成就就有多大，争一时不如争千秋，更何况你怎么知道，老天爷的布局不是要让你扛起更大的责任呢？

一种动物如果没有对手，就会变得死气沉沉；同样，一个人如果没有对手，那他就会甘于平庸，养成惰性，最终碌碌无为。

有了对手，才会有危机感，才会有竞争力。有了对手，你便不得不发愤图强，不得不革故鼎新，不得不锐意进取；否则，就只有等着被吞并、被替代、被淘汰。

许多人都把对手视为心腹大患，视为眼中钉、肉中刺，恨不得马上除之而后快。其实只要反过来仔细一想，你便会发现：拥有一个强劲的对手，反倒是一种福分、一种造化。

第十四章

共赢心态

什么是共赢心态

21世纪是一个全球一体化的共赢时代，合作已成为人类生存的重要手段。随着科学知识向纵深方向发展，社会分工越来越精细，人不可能再成为百科全书式的人物。每个人都要借助他人的智慧完成自己人生的超越，所以这个世界既充满了竞争与挑战，又充满了合作与快乐。

有些人认为只要有利可图就算是"赢"，手段可以忽略不计，为了能"赢"，他们千方百计损害他人利益。但这种耗尽人力物力、顾此失彼的"赢"不叫"赢"，反叫"输"。共赢观念无疑改变了传统思维中那种你死我活的残酷的竞争意识。如今，有些人已深知要以良好的合作、共同获利作为互补共赢的生存主题。与其"胜者为王，败者为寇"，不如走利益共享之道。

著名学者史蒂芬·柯维曾说："两个人之间，相互妥协是 $1+1=1\frac{1}{2}$，各自为政是 $1+1=\frac{1}{2}$，集人以前无法产生的效益，甚至比个别效益的总和还要大。"

我们常听到这样一句话："世界上没有完美的个人，只有完美的团队。"

如果注重合作共赢，众志成城，就能以最小的代价，获取最大的成功！

假设你走在独木桥上，如果是一个人走，那么你走不了多远就会失去平衡跌下来；但是如果有另一个同伴站在独木桥的另一边，两个人手拉着手，维持彼此的平衡，你们就可以一路走下去。

曾经有一名商人在一团漆黑的路上小心翼翼地走着，心里懊悔自己出门时没有带上照明的工具。忽然前面出现了一点光亮，并渐渐地清晰起来。灯光照亮了附近的路，商人走起路来也顺畅了一些。待到他走近灯光时，才发现那个提着灯笼走路的人竟然是一位盲人。

商人十分奇怪地问那位盲人："你本人双目失明，灯笼对你一点用处也没有，你为什么要打灯笼呢？不怕浪费灯油吗？"

盲人听了他的问话后，慢条斯理地回答道："我打灯笼并不是为给自己照路，而是因为在黑暗中行走，别人往往看不见我，我便很容易被人撞倒。而我提着灯笼走路，灯光虽不能帮我看清前面的路，却能让别人看见我。这样，我就不会被别人撞倒了。"

这位盲人用灯火为他人照亮了漆黑的路，为他人带来了方便，同时也因此而保护了自己。正如印度谚语所说："帮助你的兄弟划船过河吧！瞧，你自己不也过河了？！"

成功者都明白一个最简单的道理：共赢则两利，分裂则两败。这就像一棵树，无论它怎样伟岸、粗壮和挺拔，也成不了一片森林；一块石头，无论它怎样大，也成不了一面墙。任何人要有所作为，都必须把自己融入团队之中，与大家齐心协力，这样才能赢得发展。

在数学中，1+1＝2在算式上是正确的，但在实际生活中却不一定是这样，有时1+1能大于2。为什么呢？大凡在事业上成功的人都懂得使"1+1＞2"。成大事者善于合作，因为他们明白两个拳头和一个拳头的作用是不同的，如果他想领导一个企业朝着明确的目标前进，他会建立一支有效的队伍做后盾。

共赢思维是人与人或人与自然之间更好的、和谐的共处方式。当然，它不是要我们逃避现实，也不是要我们拒绝竞争，而是要我们以理智的态度求得共同的利益。

中国有句老话："一个巴掌拍不响。"本义是指靠匹夫之勇，很难成就大事。诚然，经营自己的事业，需要自力更生，也是为业之道。但是个体力量与群体力量相比总是很小的、有限的。如果在自力更生的基础上，有选择地借助外界的力量，形成合力，为我所用，那么个体的竞争实力就会倍增，其抵抗经营风险的能力也会倍增，这样就不难达到你赢我也赢的共赢大道。

"越是本事大的人，越要人照应"。这其实是个很简单的道理，"众人拾柴火焰高，你越有本事，所做的事越大，就越需要别人的帮助。虽然这世上有天才，却没有全才,脱离别人,是无法生存的。"这是简单浅显的道理,但也是真理。

共赢,是具有远见的和谐发展,它不仅利人利己,而且还可以促进良性发展,让自己与分享者得到更多的利益,更有利于自己的长远发展。

一个精明的荷兰花草商人,千里迢迢从遥远的非洲引进了一种名贵的花卉,培育在自己的花圃里,准备到时候卖上个好价钱。对这种名贵的花卉,商人爱护备至,许多亲朋好友向他索要,一向慷慨大方的他却连一粒种子也不给。他计划培植三年,等拥有上万株后再开始出售和馈赠。

第一年的春天,他的花开了,花圃里万紫千红,那种名贵的花开得尤其漂亮,就像一缕缕明媚的阳光。第二年的春天,他的这种名贵的花已经有五六千株,但他和朋友们发现,今年的花没有去年开得好,花朵变小不说,还有一点点的杂色。到了第三年的春天,他的名贵的花已经培植出了上万株,令这位商人沮丧的是,那些名贵的花的花朵已经变得更小,花色也差得多了,完全没有了它在非洲时的那种雍容和高贵。当然,他也没能靠这些花赚上一大笔。

难道这些花退化了吗?可非洲人年年种养这种花,大面积、年复一年地种植,并没有见过这种花会退化呀。百思不得其解,他便去请教一位植物学家。植物学家拄着拐杖来到他的花圃看了看,问他:"你这花圃隔壁是什么?"

他说:"隔壁是别人的花圃。"

植物学家又问他:"他们种植的也是这种花吗?"

他摇摇头说:"这种花在全荷兰,甚至整个欧洲也只有我一个人有,他们的花圃里都是些郁金香、玫瑰、金盏菊之类的普通花卉。"

植物学家沉吟了半天说:"我知道你这名贵之花不再名贵的致命秘密了。"接着植物学家说:"尽管你的花圃里种满了这种名贵之花,但和你的花圃毗邻的花圃却种植着其他花卉,你的这种名贵之花被风传授了花粉后,又染上了毗邻花圃里的其他品种的花粉,所以你的名贵之花一年不如一年,越来越不雍容华贵了。"

商人问植物学家该怎么办,植物学家说:"谁能阻挡住风传授花粉呢?要想使你的名贵之花不失本色,只有一种办法,那就是让你邻居的花圃里也都种上你的这种花。"

于是商人把自己的花种分给了自己的邻居。次年春天花开的时候,商人和邻居的花圃几乎成了这种名贵之花的海洋——花朵又肥又大,花色典雅,朵朵流光溢彩，雍容华贵。这些花一上市，便被抢购一空，商人和他的邻居都发了大财。

这个故事中的商人原来存有一种非赢便输的单赢思想，结果使自己遭遇到失败。后来他改变做法，与别人共享花种，使自己的邻居也享受到美的享受和丰厚的收益。这就是共赢思想所带来的成功。

我们在生活、工作中，是否也存在单赢的片面思想，不肯与别人分享成功呢？

随着社会发展的步伐加快，人类所面临的机遇与挑战也越来越多，越来越复杂，在这种情况下，摈弃单纯的敌视对抗才是最好的生存方式，这种理念就是共赢。唯有共赢，人类与自然才能共存共荣，共同发展；唯有共赢，人与人才能互惠互利，利益互享。而传统的思维过程中，人们所尊崇的游戏规则往往是己赢，不管他人如何。在这种观念的支配下，竞争双方为了争取"赢"，投入了大量的人力物力来对付对方，这样的结果常常是两败俱伤，谁也没有得利。因此，改变传统的"输赢"观念，树立全新的"共赢"观念，应该成为个人与集体在现代社会生存与发展的必备素质。

由此可见，共赢是一种卓有远见的和谐发展，既利人，又利己；既合作，又竞争；既相互比赛，又相互激励……而它达到的效果比单赢要大得多，远得多。

信任是合作共赢的基础

合作伙伴只有统一战线，齐心协力，才能打败你们共同的对手。轻易怀疑你的合作伙伴，等于是自挖阵脚，会让你不战自溃。

灰兔在山坡上玩，发现狼、豺、狐狸鬼鬼祟祟地向自己走来，就急忙钻到自己的洞穴中避难。灰兔的洞一共有三个不同方向的出口，为的是在情况危急时能从安全的洞口撤退。今天，狼、豺、狐狸联合起来对付灰兔，它们各自把守一个出口，把灰兔围困在洞穴中。

狼用它那沙哑的嗓子，对着洞中喊道："灰兔你听着，三个出口我们都把守着，你逃不了啦！你还是自己走出来吧，不然我们就要用烟熏了，还要把水灌进去！"

灰兔想，这样一直困在洞里也不是个办法，如果它们真的用烟熏、用水灌，情况就更加不妙。忽然，灰兔灵机一动，想出了一个妙计。它来到狐狸把守的洞口，对着洞外拼命地尖叫，就像被抓住后发出的绝望惨叫声。

狼和豺听到灰兔的尖叫声，以为是灰兔被狐狸抓住了。它们担心狐狸抓到灰兔后独自享用，便不约而同地飞奔到狐狸那里，想向狐狸要回属于自己的一份。聚到一起后，狼、豺、狐狸忽然意识到灰兔可能用的是声东击西之计，急忙又回到各自把守的洞口继续把守。它们哪里知道，灰兔趁刚才狼到狐狸那里去的时候，早已飞奔出来，躲到了安全的地方。

灰兔把自己脱险的经过告诉了刺猬，刺猬说："你真聪明，你是怎么想出这个妙计来的呢？"灰兔说："因为我知道，狼、豺、狐狸虽然结伙前来对付我，但它们都有贪婪的本性，互不信任，各怀鬼胎，我正是利用了这一点。"

成员之间没有信任的团队，是无法形成强大的向心力和凝聚力的，在竞争中，他们总会被对手找到漏洞，各个击破，最后落得个失败的下场。

如果你相信别人，别人也会相信你。你以什么样的态度或方式对待别人，别人也会以什么样的态度或方式来对待你。

信任是合作的基础，而相互合作的人们就像战场上同一沟壕的战友，你要相信你的"战友"。

德里斯·科尔曾说过："人们对服务机构的满意程度可以从他们的信赖度充分显示出来。"你和你信赖的人共事吗？他们是否同样也信任你呢？这两个问题的答案可以充分显示出你所在的工作环境的品质。

爱德华兹·戴明说过："要是没有信赖感，人与人之间或是团队与团队、部门与部门之间就没有合作的基石。""没有信赖的基础，每个人都会试图保护自己眼前的利益；但是这么做却会对长期的利益造成损害，并且会对整个体系造成伤害。"无以计数的企业曾经在爱德华兹·戴明的建议协助之下，让公司的表现达到最高的境界。爱德华兹·戴明的经验显示出，信赖对于品质、创新、服务和生产力的重要性在全世界都是同样适用的。

信赖是人与人之间最高贵、最重要的情谊，人们最值得骄傲的就是自己可以得到别人的信任，自己的所作所为能够无愧于心，并与人坦诚地沟通互信。因此，我们必须学习去信任我们的"战友"，同时也学习让自己成为值得信任的人。

有这样一则故事，讲得就是信赖带给人的成功。

艾伦决定要沿着钢索走过尼亚加拉瀑布。他知道，走钢索的关键是训练，于是他在后院建起了一个临时场地进行练习。开始时他把钢索调到离地面 18 英寸的地方，并进行前后平衡练习。渐渐地，他把钢索的高度不断加高直到离地 35 英尺。然后，在练习中他再增加椅子、独轮车和自行车。很快，他的宏大目标就传了出去，并上了报纸。他开始出名，有些人开始对他能否完成这一奇迹进行打赌。

一天，他的一个朋友走过来说："你知道，我相信你一定能够成功。"艾伦问："为什么你会这样想？"

"从你开始练习的那天起，我差不多每天都在观察你，你很棒。事实上，你聪明极了，我想你能在一条绳子上走过尼亚加拉瀑布。我相信你的能力。"朋友回答道。

艾伦受到了鼓舞。"真的吗？"他非常高兴地问，"当然是真的，你已经准备就绪了。"朋友说道。

"那太好了，我今天做出了同样的决定。实际上，我正在安排在尼亚加拉瀑布上面拉起绳子。明天是一个大好的日子，既然你相信我的能力，我就带一辆独轮车上去，请你坐进去，然后我带你过去。"

朋友欣然答应，并说："我相信你，就会支持你，我不仅用心支持你，而且还会用行动来支持你。"

艾伦原只是随意说说，他认定这位朋友不敢坐上独轮车，和他一起来走钢丝，和他一起冒生死风险，哪想朋友会答应，艾伦心里非常高兴。他说："谢谢您对我的信任。我要积极做一个值得您信任的人。"

最后，艾伦带着朋友成功地走过了尼亚加拉瀑布。他成功之后获得了很多荣耀和赞誉。这位朋友也因此而得到了人们的赞扬和敬重。

伙伴之间的相互信赖，是使人能够共同合作、走向共赢的基石。在合作中，一定要众志成城，把共同的奋斗当作一场战斗，你要相信，你的伙伴将是给予你帮助的最好"战友"。

合作共赢才能实现最大的价值

一只狮子和一只老虎同时发现一只野猪，于是商量好共同追捕那只野猪。

它们合作良好，当老虎把野猪扑倒后，狮子便上前一口把野猪咬死。但这时狮子起了贪心，不想和老虎平分这只野猪，于是想把老虎也咬死。可是老虎拼命抵抗，后来老虎虽然被狮子咬死，但狮子也身受重伤，无法享受美味了。

试想一下，如果狮子不如此贪心，而与老虎共吃那只野猪，岂不就皆大欢喜了吗？

这个故事讲述的就是人们常说的"你死我活"或"你活我死"的游戏规则。

我们说，人生犹如战场，但人生毕竟不是战场。战场上敌对双方中的一方如果不消灭对方，就会被对方消灭。但人生赛场不一定如此，为什么非得争个鱼死网破、两败俱伤呢？

很多人对于输赢的看法都是绝对化的，非此即彼，赢便是代表其他所有人都得输。运动场上非赢即输的角逐、学习成绩的分布曲线向我们灌输"永争第一名"的思维方式，于是我们便通过这副非赢即输的眼镜看人生，几乎不曾想到通过合作的手段，让彼此得到更大的利益。

人生处处布满险滩，稍不留意，人就会沉没到危险之中。许多人由于盲目的自我意识，或是自大，错误地估计了自己，认为自己天下第一，因此不屑于与他人合作，做任何事都是我行我素。在家里，做事不跟自己的父母、妻子、儿女商量，在单位，做事不跟自己的同事、上司商量。这类人迟早有一天会懊悔地大喊一声：我怎么会弃绝与他人合作呢？

一个人的能力毕竟是有限的，以自己的力量全力奋斗固然是正确的，但是一味地、保守地坚持自己的意见，则不可避免地要失败。每个人都有自己的优势和特长，适当地互相联合起来也许会达到极致的效果。

和平、和谐的合作，可以激发生命中的潜能。在集体中的合作，可以增强你的自信心，提高你的处世能力，消除你的消极心态，使你能正确地面对人生。人是文明的人，有情感的人，一个人离开合作将一事无成。即使一个人跑到荒郊野外去隐居，远离各种人类文明，他也依然需要合作：依赖他本身以外的力量生存下去。

"一个人越是成为文明的一部分，越是需要依赖合作性的努力。"

曾经有一个戏剧爱好者，他不顾亲朋的反对，毅然选择了一处并不热闹的地区，兴建了一座超水准的剧院。

剧院开幕之后，非常受欢迎，并带动了周围的商机。附近的餐馆一家接一家地开设，百货商店和咖啡厅也纷纷跟进。

没过几年，剧院所在的地区便成为了商业繁荣地带。

"看看我们的邻居，一小块地，盖栋楼就能通过出租挣那么多的钱，而你用这么大的地，却只有一点剧院收入，岂不是太吃亏了吗？"那人的妻子对丈夫抱怨，"我们何不将剧院改建为商业大厦，也做餐饮百货，分租出去，单单租金就比剧院的收入多几倍！"

那人也十分羡慕别人的收益，便将自己的剧院结束，贷得巨款，改建商业大楼。

不料楼还没有竣工，邻近的餐饮百货店就纷纷迁走，更可怕的是房价下跌，往日的繁华又不见了。而当他与邻居相遇时，人们不但不像以前那样对他热情奉承，反而露出敌视的目光。

面对现实的境况，那人终于醒悟：是他的剧院为附近带来繁荣，也是繁荣改变了他的价值观，更由于他的改变，又使当地失去了繁荣。

世界上的事物都是互相联系、互为因果的，我们谁也不可能孤立存在，更不可能孤立地干成一件大事。比如说，人们常因建设自己而造就别人，又因别人的造就而改变自己。在这种改变中，你如果不让别人赢，你可能也会输掉了自己。

我们应当看到，"赢"的真正意义是实现目标，而不是两个对立的双方争个你死我活，分出曲直高低。所以若用合作代替竞争，便能在有效的时间或较短的时间里达成更多的目标，甚至得到意想不到的收获。

成功的人大多数都有与人合作的精神，因为他们知道个人的力量是有限的，只有依靠大家的智慧和力量才可能办成大事。合作能使家庭幸福，合作可加速成功，合作可以帮人渡过生命险滩。

学会分享，快乐合作

现代社会是一个充满竞争的社会。"物竞天择，适者生存"，可以说，竞争是无处不有、无时不在的。竞争者与合作者作为竞争与合作的主体及对象，与竞争合作相伴而生、相伴而灭。

一个人只有在学会与别人共享自己的力量之后,他的潜力才能得到最完整的发挥。

　　成功必须从欲望出发,而欲望是通过行动来实现的。成功的开始,就在于我们独处时候的所思所为。成功并不是我们独自的拥有,也不是行为的本身,它是用来判定我们本身价值的东西。

　　成功最终必然会影响到他人和我们自己的生活。

　　当一个人能公开对自己及他人承认,自己并不能独立获得这些成就,所以不能独享荣耀时,一种完美和谐的感觉会在其内心及其人际关系中逐渐浮现。相互的感激与温暖的友谊使彼此不但共享成功的果实,且能使彼此借由相互鼓励而不断地成长。

　　只要当过足球守门员的人都知道,球队的胜利不是他一个人的功劳。大部分的足球守门员都了解队友在前线防守的重要性,因为有了队友的防卫,球才不会轻易地被对方抢走,自己才可能打出漂亮的成绩。那些清楚这个事实,并能公开、大方地赞美队友的人,是值得嘉许的,因为在他们身上具有令人赞赏的风度及雅量。

　　不懂得分享合作的团队就如一盘散沙,没有太大的作用。但是如果建筑工人把这盘散沙掺在水泥中,它们就能成为建造高楼大厦的水泥板和水泥墩柱。如果化工厂的工人把这盘散沙凝结冷却,它们就能变成晶莹透明的玻璃。单个人犹如沙粒,只要与人合作,就会有意想不到的变化,变成有用之才。要共赢,就要学会与人合作,从而使自己的事业向前发展。

　　关于分享合作,有这样一则故事:

　　从前,有两个饥饿的人得到了一位长者的恩赐:一根渔竿和一篓鲜活硕大的鱼。其中,一个人要了一篓鱼,另一个要了一根渔竿,于是,他们分道扬镳了。

　　得到鱼的人在原地就用干柴搭起篝火煮起了鱼,他狼吞虎咽,还没有品出鲜鱼的肉香,连鱼带汤就被他吃了个精光。不久鱼都被他吃光了,他便饿死在空空的鱼篓旁。另一个人则提着渔竿继续忍饥挨饿,一步步艰难地向海边走去,可当他看到不远处那蔚蓝色的海洋时,他连最后一点力气也使完了,他也只能眼巴巴地带着无尽的遗憾撒手人间。

　　又有两个饥饿的人,他们同样得到了长者恩赐的一根渔竿和一篓鱼。只是他们并没有各奔东西，而是商定共同去找寻大海。他俩每次只煮一条鱼，经过遥远的跋涉，终于来到了海边。从此，两人开始了捕鱼为生的日子。几年后，他们盖起了房子，有了各自的家庭、子女，有了自己建造的渔船，都过上了幸福安康的生活。

无论是得鱼还是得"渔"，都只是解决饥饿的一方面，两者拼合起来，才能达到应有的效果。前两个人不懂这个道理，结果只能被饿死。我们若想成功，就要学习后两个人的合作精神。

在成功的道路上，合作与竞争有许多相通的地方，可以说它们伴随着人类的出现而几乎同时出现。从原始社会到今天的社会主义社会，合作与竞争不仅没有削弱、消亡，相反，随着时间的推移和社会的进步，合作与竞争的趋势也在增强。随着人类生存空间的不断拓展、交往的不断扩大，人与自然斗争的不断深化以及科技的不断发展，合作与竞争的联系也在日益加强。

实际上，任何一个人，任何一个民族、国家都不可能独自拥有人类最优秀的物质与精神财富。并且随着人们相互依赖程度的进一步加深，那种一人打天下的思想多少显得有些幼稚。封闭的个人和孤立的企业所能够成就的"大业"将不复存在，合作与团队精神将变得空前重要。缺乏合作精神的人将不可能成就事业，更不可能成为知识经济时代的强者。我们只有承认个人智能的局限性、懂得自我封闭的危害性、明确合作精神的重要性，才能有效地以合作伙伴的优势来弥补自身的缺陷，增强自身的力量，才能更好地应付知识经济时代的各种挑战。

比如说，当年微软和苹果争雄时，因为微软公司的"兼容"，允许各大电脑厂商使用自己的操作系统，而使自己迅速发展为世界软件业巨头；相反，苹果的"不兼容"则使自己的路越来越窄。

如果你有着成大事的抱负，你就要处理好与社会的关系，要学会与人分享。

无论你跟谁合作，要想业绩辉煌，首要条件就是学会与对方分享。处处采取客观态度，跟对方不分彼此地分工合作，才能够达到默契，共享来之不易的成果！

第十五章
空杯心态

什么是空杯心态

有一年,校长向学校请了3个月的假,然后告诉自己的家人,不要问他去什么地方,他每个星期都会给家里打个电话,报个平安。

校长只身一人,去了美国南部的农村,尝试着过另一种全新的生活。他到农场去打工,去饭店刷盘子。在田地做工时,背着老板躲在角落里抽烟,或和工友偷懒聊天,都让他有一种前所未有的愉悦。

最有趣的是最后他在一家餐厅找到一份刷盘子的工作,干了4个小时后,老板把他叫来,跟他结账。老板对他说:"可怜的老头,你刷盘子太慢了,你被解雇了。"

"可怜的老头"重新回到哈佛,回到自己熟悉的工作环境后,却觉得以往再熟悉不过的东西都变得新鲜有趣起来,工作成为一种全新的享受。

上文中的校长在3个月的假期中像一个淘气的孩子搞了一次恶作剧一样,感受到了新鲜和刺激。

这个"可怜的老头",厌倦了在哈佛日复一日的校务工作和程式化交际,为了改变这一现状,他在抛开哈佛校长的光环后,从零开始生活,从而也抛弃了以往心中所积攒的不少"垃圾",让自己的内心真正空杯。

从某种意义上,当一个人的发展遭遇某种瓶颈时,可以以"空杯"的方式放弃从前。当你关上身后的那扇门,也许你会发现另一片美丽的花园,找

第三篇 黄金心态 缔造阳光心态，享受阳光生活

到另一番工作的激情和生活的乐趣。

人在职场，职业倦怠、激情丧失，似乎是永远也绕不开的话题。每过一段时间，每到一定阶段，当你感到一种难以摆脱的压抑和烦躁后，可以向那位哈佛校长学习，适当地将现状空杯，换种方式去前进，或许是种不错的选择。

空杯的心态就是归零、谦虚的心态，就是重新开始。有这样一种现象：人们第一次成功相对比较容易，第二次却不容易了。这是为什么？

一位国内著名的集团老总曾经说过这样意味深长的话："往往一个企业的失败，是因为它曾经的成功，过去成功的理由是今天失败的原因。任何事物发展的客观规律都是波浪式前进，螺旋式上升，周期性变化。中国有一句古话，叫风水轮流转，用经济学讲是资产重组。"生活就是不断地重新再来。不空杯就不能开展新的资产重组，就不能持续发展。

在此之前，你可能有过很高的地位，可能拥有很多的财富，具有渊博的知识，但是当你想要达到更大成功的时候，你一定要有一个空杯的心态。只有心态空杯你才能快速成长，才能学到更多的成功方法。

如果你要喝一杯咖啡，就必须把杯子里的茶先倒掉，否则把咖啡加进去之后，就茶也不是，咖啡也不是，成了四不像。

一切从头再来，要像大海一样把自己放在最低点，来吸纳百川。虚心使人进步，骄傲使人落后。有句话说："谦虚是人类最大的成就。谦虚让你得到尊重，恰似越饱满的麦穗越弯腰。"

由此可见，保持一种空杯心态对于一个人长期的发展是多么的重要。海尔集团首席执行官张瑞敏说："我们主张产品零库存，同样主张成功零库存。只有把成功忘掉，才能面对新的挑战。"海尔的年销售额达数百亿元，但张瑞敏从未有一丝飘飘然的感觉，相反，他时时处处向员工灌输危机意识，要求大家在成功面前始终保持一种如履薄冰的谨慎。

成功仅代表过去，如果一个人沉迷于以往成功的回忆，那他就再也不会进步。对于有远大志向的追求者来说，成功永远在下一次。保持"空杯"心态，才能不断创造新的辉煌。人们问球王贝利哪一个进球是最精彩、最漂亮的，他的回答永远是"下一个"！冰心说："冠冕，是暂时的光辉，是永久的束缚。一个人只有摆脱了历史的束缚，才能不断地向前迈进。"

空杯心态，其实就是一种虚怀若谷的精神，有了这种精神，人才能够不断进步，不断走向新的成功。

大学毕业等于"零"

这是美国东部一所大学期终考试的最后一天。在教学楼的台阶上，一群工程学高年级的学生挤作一团，正在讨论几分钟后就要开始的考试，他们的脸上充满了自信。这是他们参加毕业典礼和工作之前的最后一次测验了。

一些人在谈论他们现在已经找到的工作，另一些人则在谈论他们将会得到的工作。带着经过4年的大学学习所获得的自信，他们感觉自己已经准备好了，并且能够征服整个世界。

他们知道，这场即将到来的测验将会很快结束，因为教授说过，他们可以带他们想带的任何书或笔记，要求只有一个，就是他们不能在测验的时候交头接耳。

他们兴高采烈地冲进教室。教授把试卷分发下去。当学生们注意到只有五道评论类型的问题时，脸上的笑容更加扩大了。

3个小时过去了，教授开始收试卷。学生们看起来不再自信了，他们的脸上是一种恐惧的表情。没有一个人说话，教授手里拿着试卷，面对着整个班级。

他俯视着眼前那一张张表情焦急的面孔，然后问道："完成5道题目的有多少人？"

没有一只手举起来。

"完成4道题目的有多少人？"

仍然没有人举手。教授继续问："3道题？2道题？"

学生们开始有些不安，在座位上扭来扭去。

"那1道题呢？当然有人会完成1道题的。"

但是整个教室仍然很沉默。教授放下试卷，"这正是我期望得到的结果。"他说。

"我只想要给你们留下一个深刻的印象，虽然你们已经完成了4年的工程学习，但是关于这项科目仍然有很多的东西你们还不知道。这些你们不能回答的问题是与每天的普通生活实践相联系的。"然后他微笑着补充道，"你们都会通过这个课程，但是记住——即使你们现在已是大学毕业生了，你们的教育仍然还只是刚刚开始。"

这是一次难忘的毕业考试。虽然，在时间的流逝中，教授的名字已经渐渐被人们淡忘，但所有参加那次考试的毕业生，都牢牢记住了教授那意味深长的话。

只要活着，学习就没有终点，人生的每一阶段的结束，就意味着下一阶段的开始。在人的一生中，总有无数的东西需要我们去学习。大学毕业，只是另一个人生旅途的开始，并非是学习的休止符。

有很多的大学生，夜郎自大地以为自己是天之骄子，理所应当会拥有一个锦绣前程；以为进了大学拥有了专业知识，就能够为社会为自己创造相应的价值。除了学生的自身原因外，还有一些客观因素，也造成了很多大学生的盲目自大。多数大学未对学生进行相关社会实践的课程讲解和启发，以至于让相当一部分同学在大学里抱着一种不切实际的美梦幻想，在毕业时才发现，大学和社会相差甚远。但此时，人生已经绕了一个大圈，浪费了太多的时间和精力，并且对一些心理薄弱的大学生而言，这种迟到的领悟甚至会对他们造成一生的打击。

现在的大学教育，只注重理论知识的传授，而忽略了对学生社会实践能力和承受能力的培养，因而造成学校与社会的脱节。而社会当中的实践活动恰恰是一个人所必须经历的生存发展过程。打个比方来说，大学里老师所讲的课就好比在说书，大学生们只是当一个"津津有味"的听客；而社会活动实践相当于一个人扮演这样或那样的角色，来进行相应的工作。我们现阶段大学生的在校状态，就好比在看一场热闹的戏剧，而同学们没有把自己放在一个戏剧的角色当中去考虑如何扮演、如何操作、如何实践。

在残酷的现实环境中，我们清醒地意识到，大学里所学的专业文化知识不足以让我们在如今激烈的市场竞争状态当中得以顺利的生存与发展。我们发现，有许许多多的大学毕业生进入社会以后很难认清自我，很难找到自己的相应位置，在自己的岗位上无法适应，并且很难在一个岗位当中较长期地发展……

这些都值得我们深思。一个人在社会当中的生存与发展，到底靠的是什么？难道就是大学里所学的专业知识吗？当然不是！而是要求人必须具备五大素质结构，即心理素质、文化知识素质、能力素质、身体素质、品德素质。从这五大素质结构来看，我们在大学里所学的专业知识，仅仅是文化知识素质当中的一小部分。所以，对于一位大学生来讲，要将"大学毕业等于零"的思想铭刻脑中，用归零心态去面对社会与工作，因为我们在大学里所学的专业知识，只是我们在未来社会生存发展当中所需的一个小知识结构。相当一部分同学在学校里并不具备这种相对完备的知识结构与素质结构，因此，当他们进入社会以后，才发现自己缺少的东西太多太多，很多同学都以自己的亲身经历证实了这一点。

　　这是一个终身教育的时代，谁不知道学习，谁不知道更新自己的知识结构，谁就会被社会淘汰。

　　其实，不仅仅是大学毕业等于零，人生处处可为零。一个新的工作、一个新的领域，都要我们抱着一个归零心态，努力学习新的知识，才能够不被时代抛弃，不断走向人生的前方。

活到老，学到老

　　许多人以为，学习只是青少年时代的事情，只有学校才是学习的场所，自己已经是成年人，并且早已走向社会了，因而再没有必要进行学习。这种想法是错误的。其实，学校里学的东西是十分有限的，工作中、生活中需要的相当多的知识和技能，课本上都没有，老师也没有教给我们，这些东西完全要靠我们在实践中边摸索边学习。

　　近10年来，人类的知识大约是以每3年增加一倍的速度向上提升。知识总量在以爆炸式的速度急剧增长，老知识很快过时，知识就像产品一样频繁更新换代，使企业持续运行的期限和生命周期受到最严厉的挑战。据初步统计，世界上IT企业的平均寿命大约为5年，尤其是那些业务量快速增加和急功近利的企业，如果只顾及眼前的利益，不注意员工的培训学习和知识更新，就会导致整个企业机制和功能老化，成立两三年就"关门大吉"！

第三篇　黄金心态　缔造阳光心态，享受阳光生活

　　联想、TCL等企业成功的经验表明：培训和学习是企业强化"内功"和发展的主要原动力。只有通过有目的、有组织、有计划地培养企业每一位员工的学习和知识更新能力，不断调整整个企业人员的知识结构，才能应付时代的挑战。

　　在知识经济迅猛发展的今天，你有没有想过，你赖以生存的知识、技能时刻都在折旧。在风云变幻的职场中，脚步迟缓的人瞬间就会被甩到后面。根据剑桥大学的一项调查，半数的劳工的技能在1至5年内就会变得一无所用，而以前这些技能的淘汰期是7至14年，特别是在工程界，毕业后所学还能派上用场的不足1/4。

　　这绝非危言耸听。美国职业专家指出，现在的职业半衰期越来越短，就业竞争加剧是知识折旧的重要原因。据统计，25周岁以下的从业人员，职业更新周期是人均1年零4个月。未来社会只会有两种人：一种是忙得不可开交的人，另外一种是找不到工作的人。

　　因此，学习已变成随时随地的必要选择。

　　所以，活到老，学到老，才是百战百胜的利器。

　　在社会上奋斗的人的学习必须以积极主动为主，要想在当今竞争激烈的商业环境中胜出，就必须学习从工作中吸取经验、探寻有助于提升效率的资讯。

　　现在知识、技能的更新越来越快，不通过学习、培训进行更新，适应性将越来越差，而那些企业又时刻把目光盯向那些掌握新技能、能为企业带来经济效益的人。

　　新世纪的发展已经表明，未来的社会竞争将不再只是知识与专业技能的竞争，而是学习能力的竞争。一个人如果善于学习，他的前途会一片光明，而一个良好的企业团队，要求每一个组织成员都是那种迫切要求进步、努力学习新知识的人。

　　通过在工作中不断学习，你可以避免因无知滋生出自满，损及你的生活和工作。假如公司不能满足你的培训要求，也不要闲下来，可以自己额外出资接受"再教育"。这类培训更多意义上被当作一种"补品"，在以后的工作中会增加你的"分量"。

　　在社会上拼搏的人的学习有别于在校学生的学习，这类人缺少充裕的时

间和心无杂念的专注，以及专职的传授人员，所以积极主动地学习尤为重要。"流水不腐，户枢不蠹"这句古语也可以用在人的智力增长上。你只有在工作中不断学习新东西，才能保持思维的灵动，也只有这样，才能跟得上时代的步伐，不致落伍。如果我们不继续学习，我们就无法取得生活和工作需要的知识，无法使自己适应急速变化的时代，这样我们不仅不能搞好本职工作，反而有被时代淘汰的危险。

"活到老，学到老"不是一句空口号，我们必须认真去执行，才能不被社会落下。

满招损，谦受益

一个杯子若装满了水，稍一晃动，水便溢了出来。一个人若心里装满了骄傲，便再也容纳不了新知识、新经验和别人的忠言了。长此以往，其事业或者止步不前，或者受挫，故古人云："满招损，谦受益。"

文艺复兴时期的大师达·芬奇在《笔记》中感叹道："微少的知识使人骄傲，丰富的知识则使人谦逊，所以空心的禾穗高傲地举头向天，而充实的禾穗低头向着大地，向着它们的母亲。"谦逊就像跷跷板，你在这头，对方在那头。只要你谦逊地压低了自己这头，对方就高了起来，而这最终会为你打开成长之门。

有人问苏格拉底是不是生来就是超人，他回答说："我并不是什么超人，我和平常人一样。但有一点不同的是，我知道自己无知。"这就是一种谦卑。无怪乎，古罗马政治家和哲学家西塞罗会说："没有什么能比谦虚和容忍更适合一位伟人。"

爱因斯坦是科学界的泰斗，但有一次他的学生问他说："老师的知识那么渊博，为何还能做到学而不厌呢？"爱因斯坦很幽默地解释道："假如把人的已知部分比做一个圆的话，圆外便是人的未知部分，所以说圆越大，其周长就越长，他所接触的未知部分就越多。现在，我这个圆比你的圆大，所以，我发现自己尚未掌握的知识自然是比你多，这样的话，我怎么还懒怠得下来呢？"

第三篇　黄金心态　缔造阳光心态，享受阳光生活

关于谦虚处世，俄国的列夫·托尔斯泰也打了一个很有意义的比方："一个人就好像是一个分数，他的实际才能好比分子，而他对自己的估价好比分母，分母越大，则分数的值越小。"

许多人对于谦虚这种品质不以为然。事实上，谦虚是一种积极崇高的品质，如果妥善运用，就能够使人类在精神上、文化上或物质上不断地提升与进步。

谦逊是自觉成长的开始，这就是说，在我们承认自己并不知道一切之前，不会学到新东西。许多年轻人都有这种通病，他们只学到一点点，却自以为已经学到一切。他们的心关闭了起来，再没有东西可以进得去；他们自以为是万事通，却不知这样想往往会使他们犯最严重的错误。

西方哲学家卡莱尔说："人生最大的缺点，就是茫然不知自己还有缺点。"因为一些人只知道自我陶醉，表现出一副自以为是、唯我独尊的态度，殊不知这种态度会遭到多数人的排斥，使自己处于不利地位。

谦虚是人性中的美德，也是驯服人、驾驭人的最大要领。

如果你想获得成功，谦虚就是必要的品质。在你到达成功的顶峰之后，你会发现谦虚更重要，只有谦虚的人才能得到智慧。成功的人最大的特征是，能够坦然地说："我错了。"

真正的谦虚，是自己毫无成见，思想完全解放，不受任何束缚，对一切事物都能做到具体问题具体分析，采取实事求是的态度，正确对待；对于来自任何方面的意见，都能听得进去，并加以考虑。这样的人能做到在成绩面前不居功，不重名利；在困难面前敢于迎难而上，主动进取。他们的谦虚并不是卑己尊人，而是既自尊，也尊人。

一个人成功的时候，还能保持清醒的头脑，而不趾高气扬，他往往会取得更大的成功。你能够承受得住突然的成功喜悦么？要衡量一个人是否真正能有所成就，就要看他能否有这种承受的能力。福特说："那些自以为做了很多事的人，不会再有什么奋斗的决心。有许多人之所以失败，不是因为他的能力不够，而是因为他觉得自己已经非常成功了。他们努力过，奋斗过，战胜过不知多少的艰难困苦，他们凭着自己的意志和努力，使许多看起来不可能的事情都成了现实；然后他们取得了一点小小的成功，便经受不住考验了。他们懒怠起来，放松了对自己的要求，然后慢慢地下滑，最后跌倒了。

人生是一种态度

在古往今来的历史上，被荣誉和奖赏冲昏了头脑而从此懈怠懒散下去，终至一无所成的人，真不知有多少……"

事实上，谦逊是通往进步之门的钥匙。没有谦逊，我们就会太过自满，以致不能以正确的态度乃至方式面对今后的挑战。没有谦逊，我们就不会睁大两眼满怀好奇地去探索新的领域。如果我们不能保持谦逊的态度，我们或许就不敢承认错误，更难以找出解决问题的方法，重新开始。谦逊，是我们对人类文明的未来以及我们在其中所处的地位表示关注的应有的心态，也是那些对世间一切事物不肯放任自流，希冀以奋斗不息的努力在地球上建成上帝的王国的人们应有的心态。

人生有涯，而知识无涯。不管你多有才能，你曾经有多么辉煌的成绩，如果你一味沉溺在对昔日表现的自满当中，"学习"便会受到阻碍。要是没有终生学习的归零心态，不懂得不断追寻各个领域的新知识，不懂得不断开发自己的创造力，你终将丧失自己的生存能力。因为，一旦停止学习，你就会迅速贬值，正所谓"不进则退"，转眼之间你就会被时代抛在后面，以致最后被淘汰。

第四篇
驾驭心态

树立正确心态，成就完美人生

第十六章
为自己而工作

工作是一种乐趣

思科公司的总裁约翰·钱伯斯曾说过:"我们不能把工作看作是为了五斗米折腰的事情,我们必须从工作中获得更多的意义才行。"我们要从工作当中找到乐趣、尊严、成就感以及和谐的人际关系,这是我们作为职场人士所必须承担的责任。

人生最大的价值,就是对工作有兴趣。爱迪生说:"在我的一生中,从未感觉是在工作,一切都是对我的安慰……"然而,在职场中,对自己所从事的工作充满热情的人并不是太多,他们不是把工作当作乐趣,而是视工作为苦役。这些人早上一醒来,头脑里的第一个念头就是:痛苦的一天又开始了……磨磨蹭蹭地到达公司以后,无精打采地开始一天的工作,好不容易熬到下班,他们立刻就高兴起来,和朋友花天酒地之时总不忘诉说自己的工作有多乏味,有多无聊。如此周而复始。

工作是一个人价值的体现,应该是一种幸福的差事,我们有什么理由把它当作苦役呢?

有些人抱怨工作本身太枯燥,然而,问题往往不是出在工作上,而是出在我们自己身上。

如果你本身不能热情地对待自己的工作的话,那么即使让你做你喜欢的工作,一个月后你依然会觉得它乏味至极。

面对平凡、乏味的工作,我们都应该抱着积极的态度去接受,把工作当

第四篇　驾驭心态　树立正确心态，成就完美人生

成人生最大的乐趣。只有这样，我们才能充分地释放出自己的活力和激情，实现自己在企业和团体中的价值。

有着本科文凭和财务工作经验的金顺爱，辞去内地一家单位财务会计的职务，满以为在深圳可以找到一份公务员或者合资企业会计的差事。没想到整整一个月的时间里，几乎跑了好几百家单位，她都没能如愿以偿。眼看身上的钱不多了，她就降低身价，去一家韩国电子厂做了一名清洁工。虽然工资不怎么高，一天的工作很辛苦，但她还是努力从工作中寻找乐趣，每天乐得哼着小曲，带着热情和活力去上班。

金顺爱凭着财务工作者特有的细致，把办公大楼的每一个地方都擦拭得干干净净。总经理视察时，注意到了她认真负责的态度，并赞扬了她。半年后，公司招聘财务人员，金顺爱前去应聘。在总经理面前，她叙述了自己以前的经历和未来的心愿。总经理对她在做清洁工时认真负责的态度印象很深，于是放心地让她担任这家公司的财务总监。

不论你现在的工作多么微不足道，也不论你对工作如何不满意，只要你用进取的认真态度、火焰似的热情、主动努力的精神去工作，努力从工作中发现乐趣，你就能够做好自己的工作。

工作并不只是谋生的手段，当我们把它看作人生的一种快乐使命并投入自己的热情时，上班就不再是一件苦差事，它就会变成一种乐趣，就会有许多人愿意聘请你来做你所喜欢的事。工作是为了让自己更快乐！做快乐而又成功的工作，是多么合算的事啊！

积极的态度会得到积极的结果，这是因为积极的态度有感染力，这种态度就是热情与兴趣。阿尔伯特·巴德曾说："没有一件伟大的事情不是由热情促成的。"这里的热情就来源于对自己所从事职业的兴趣。好的传教士与伟大的传教士、好的母亲与伟大的母亲、好的演说家与伟大的演说家、好的推销员与伟大的推销员之间的最大差别，就在于热情与兴趣。

露茜女士在为美国一家电视台主持一个专栏的过程中，介绍了50种帮助人们体会工作乐趣、提高工作效率的方法。下面是她最看重的几条原则：

1. 真诚的善意之举

如果你在下班后主动留下来帮助他人完成某项工作，那么即使今后你得罪了他，心存感激的他也不会嫉恨你。帮助别人一次，也许你就会赢得一个

一辈子的朋友。

2．利用"情感之墙"

一位家庭护士抱怨说她受不了这份工作了，想转行。但问题是，在她每周看护的30位病人里，其实只有3位真正给她的工作带来了压力。露茜建议她每次去这3位病人的家里之前，都下意识地为自己竖起一堵"情感之墙"，对自己说："我没必要把太多的感情投入到这个病人身上，因为这对谁都没什么帮助，还是保持一段距离吧。"她照着去做了，几天后她告诉露茜她觉得没必要转行了。

3．激发创意

有一次，一个朋友邀请露茜去她的新家玩，在那里露茜看到一面墙上挂满了她在工作中获得的各种奖励，便随口问："你成功的秘密是什么？"其实当时露茜并不是真的期待什么答案。没想到她真的给了一个很好的答案："每次我得到一个新工作时，我都会要求做一个自己感兴趣的项目。我第一次做销售的时候，我问老板我是否能采访一下其他的销售人员，把他们的销售技巧整理成小册子发给大家。结果我的这本小册子使我在老板眼里，不再仅仅是一个普通的销售员。"

4．学会放弃

困难是我们工作中最常见的一种现象。我们通常接到一个项目时，往往只是其中的几个部分比较具有挑战性，面对这些难题时，我们应该咬紧牙关与之斗争。不过，如果经过努力还没有取得任何进展，那么也许再多的努力也是白搭。在这种时候，你就该寻求他人的帮助，或者寻求绕过这个难题也能完成项目的办法。

5．利用"回音技术"

当你的上司对你说："好吧，我可以给你6万美元的年薪"，你可以有技巧地用一种略带疑惑的口气说："6万美元？"然后等他的反应。往往在这种时候，在沉默中产生的焦急感会让你的老板说："好吧，我想6.1万美元应该没什么问题。"你在这5秒钟里就为自己赚了1000美元。换句话说，你的赚钱速度是每小时12000美元！

工作中的乐趣需要我们去发现，除非你喜欢痛苦的工作。一个高效能人士应当时刻为寻找工作乐趣做好准备，考虑清楚有关自己理想职业的每一件事——从工作形式到工作环境，然后确定自己所追求的职业的标准或目的。例如，我们可以观察一下自己是否能调到另一个部门，或者先谋个较低的职务，然后找机会进修，最低限度也要找出妨碍你日后发展的不利因素。当然，循序渐进是获得工作乐趣的最好方法。

毋庸讳言，许多工作是重复性的，缺乏创新，没有刺激，因而很容易让人感觉单调与乏味。一个高效能人士必须善于培养自己对工作的兴趣，使工作成为愉快的旅程。

工作不仅仅为了薪水

薪水是对于个人在工作中所做的贡献——包括实现的绩效、付出的努力、时间、学识、技能、经验与创造所付给的相应回报与答谢。

但薪水仅仅是对个人回报的一部分，而且是很少的一部分。除了薪水，工作给予的报酬还有珍贵的经验、良好的训练、才能的表现和品格的建立。这些东西与用金钱表现出来的薪水相比，其价值要高出千万倍。

如果一个人工作只是为了薪水，没有远大理想，没有高尚目标，不关心薪水以外的任何东西，那么他的能力就无法提高，经验也无法增多，机会也就不会垂青于他，成功也就自然与他无缘。把自己的工作做得比别人更完美、更正确、更专注而不计较报酬，那么，你终将获得比薪水更好的奖励。

"我每天拼命工作，是因为我有自己的价值观。我为自己当前的工作倾注了大量时间，甚至不在乎领不领工资。我刚发现我是全州工资最低的院长，可我不在乎。我是说，我干这活不是为了钱。"

这是某学院院长拉腊·M对工作与薪水之间关系的观点。

一个人若只从他的工作中获得薪水，而其他一无所得，那他真是很可怜。他无疑主动放弃了比薪水更重要的东西——在工作中充分发掘自己的潜能，发挥自己的才干，做正直而纯正的事情。

在工作中尽心尽力、积极进取，始终不放弃努力，始终保持一种尽善尽美的工作态度，满怀希望和热情地朝着自己的目标而努力，能使人获得丰富的经验，同时也能提升个人的能力。你做得越多，你能做的就越多！

如果你做到了这点，就已经超越了自我，迈出了成功的第一步。

比尔·盖茨的财产净值大约是 466 亿美元。如果他和他太太每年用掉 1 亿美元，也要 466 年才能用完这些钱——这还没有计算这笔巨款带来的巨大利息。那么，他的工作目的是什么？

斯蒂芬·斯皮尔伯格的财产净值估计为 10 亿美元，虽不像比尔·盖茨那么多，不过也足以让他在余生享受优裕的生活了，但他为什么还要不停地拍片呢？

美国 Viacom 公司董事长萨默·莱德斯通在 63 岁时开始着手建立一个很庞大的娱乐商业帝国。63 岁，在多数人看来是尽享天年的时候，他却在此时作了重大决定，让自己重新回到工作中去。而且，他总是一直围绕 Viacom 转，工作日和休息日、个人生活与公司之间没有任何的界限，有时甚至一天工作 24 小时。他哪来的这么大的工作热情呢？

诸如此类的例子还有很多。那些拥有了巨额"薪水"的人们，不但每天工作，而且工作相当卖力。如果你跟着他们工作，一定会因为工作时间太长而感到精疲力竭。那么，他们为何还要这么做，是为钱吗？

还是看看萨默·莱德斯通自己对此的看法："实际上，钱从来不是我的动力。我的动力源自我对所做的事的热爱，我喜欢娱乐业，喜欢我的公司。我有一种愿望，要实现生命中最高的价值，尽可能地实现。"

在励志电影《为人师表》中饰演角色的演员爱德华·奥尔莫斯应邀参加大学生的毕业典礼时，曾满怀激情地对大学生说："在大家离开学校前，我有一件事要提醒各位，记住：千万不要为了钱而工作，不要只是找一份差事。我所说的'差事'是指为了赚钱而做的事情，在座各位当中许多人在校期间就已经做过各式各样的差事。但工作是不一样的，你对工作应该有非做不可的使命感，并且要乐在其中，甚至在酬劳仅够温饱的情况下，你也应无怨无悔。你投入这项工作，因为它是你的生命。"

人们都羡慕那些杰出人士所具有的创造能力、决策能力以及敏锐的洞察力，但他们并非一开始就拥有这种天赋，而是在长期工作中积累和学习到的。在工作中他们学会了了解自我、发现自我，这是职业赋予人最珍贵的礼物。能力比金钱重要万倍，因为它不会遗失也不会被偷。

或许老板支付给你的薪酬是微薄的，没有达到你的期望值，但你可以在工作中使这微薄的薪酬增值，那就是宝贵的阅历、丰富的职业训练、能力的外现和品行的锻造。这些显然是不能用金钱来衡量的，也不是简单地用金钱就能买到的。

工作所回报给你的要比你为它付出的多。你要把工作看成一种经验的积累，任何一项工作都蕴含着无数成长的契机。

薪水只是我们为了生活必需的一种要求，但它并不是全部。我们应该认识到，为钱包而工作固然重要，但更重要的是提高自己的能力，增强社会竞争力，实现自我价值和社会价值，这些是比钱包更重要也是更高层次的要求。

做工作的最佳受益者

工作之中有面包，工作会给你带来真正的幸福和乐趣，对工作的热爱会给你带来生命的快乐与成就。带着一份崇高的敬业精神，积极投入到工作中，你将成为工作的最佳受益者。

人要吃饭，要穿衣，要买房，要买车，要养儿育女，还要享受快乐……如果想要吃得饱、穿得暖、住得好、行得便，把下一代抚育成才，就必须努力工作。努力工作一定会让你如愿以偿，因为工作之中有面包，工作之中有财富，工作永远能让你成为一个受益者。

我们在工作时，要时刻告诫自己：要为自己的现在和将来而勤奋努力，不要过分考虑自己的工资；应该用更多的时间去学习新的知识，培养自己的能力，展现自己的才华，把工作看成一种经验的积累，因为这些东西才是真正的无价之宝。

阿穆耳饲料厂的厂长麦克道尔之所以能够从一个速记员一步一步往上升，就是因为他在工作中总是追求尽善尽美。他最初在一个懒惰的经理手下做事，那个经理习惯于把事情推给下面的职员去做。有一次，他吩咐麦克道尔编一本阿穆耳先生前往欧洲时需要的密码电报书。如果是一般人来做这个工作，他只会简单地把电码编在几张纸片上敷衍了事，但麦克道尔可不是这样玩忽职守的人。他利用下班的空余时间，把这些电码编成了一本漂亮的小书，并用打字机打印出来，然后再装订好。完成之后，经理便把电报本交给了阿穆耳先生。

"这大概不是你做的吧？"阿穆耳先生问。

"不……是……"那经理战栗着回答。

"是谁做的呢？"

"我的速记员麦克道尔做的。"

"你叫他到我这里来。"

阿穆耳对麦克道尔亲切地说："小伙子，你怎么会想到把我的电码做成这个样子呢？"

"我想这样用起来会方便些。"

"你什么时候做的呢？"

"我是晚上在家里做的。"

"是吗，我特别喜欢它。"

这次谈话后没几天，麦克道尔便坐到了前面办公室的一张写字台前；没过多久，他便代替了以前那个经理的位置。

美国一所中学的毕业典礼上，校长对即将毕业的学生们说："比其他事情更重要的是，你们需要尽职尽责地把一件事情做得尽可能完美。与其他有能力的人相比，如果你能做得最好，那么，你就永远不会失业。"

的确，无论你从事的是什么样的工作，平凡的也好，令人羡慕的也好，都应当尽职尽责，在敬业的基础上求得不断地进步。

一个人是否有作为不在于他做什么，而在于他是否尽心尽力地把所做的事做好。一个人最重要的是干一行，爱一行，精一行。

可能由于种种主观、客观的因素，你不能找到一份称心如意的工作。但是，只要你手头上有工作，你就要以虔敬的心态对待这份职业。即使你自命不凡，心中梦想着更加美好的职业，对你手中的工作，也一定要以欢快和乐意的态度接受，以虔敬和认真的态度完成。所以，不仅要"爱一行，干一行"，还要"干一行，爱一行"。因为当前的工作也是造物主的一种安排，只有干好你手头的工作，才能对得起造物主的美意，也才能为你选择更适合自己的工作作好铺垫。所以，一旦你决定要从事某种职业，或者你正在从事某种职业，就要立即打起精神，不断地勉励自己、训练自己、控制自己。在工作中你要有坚定的意志、凝重的敬畏，不断地向前迈进，如此就会走向自己梦寐以求的成功境地。

付出总有回报，热爱工作的人能从工作中学到比别人更多的经验，而这些经验便是你向上发展的垫脚石。就算你以后换了地方，没有一流的能力，你的工作经验也可以让你走向更好；如果你的能力超群，工作经验则会将你带到更高、更成功的境界。

工作成就卓越人生，只有在平凡的岗位上，做出不平凡的业绩，才能真正找到工作的意义，实现人生的价值。

一个人无论从事什么工作，都应该认真对待，尽职尽责。只有干好你手头的每一份工作，你的人生才会有一个完美的结果。

事实上，在任何情形下，都不能厌烦自己的工作。假使你为环境所迫，只能从事一些乏味的事，你也应想方设法使工作变得有意义、有乐趣。当你以这种态度投入工作时，无论做什么，你都可从中享受到工作的无穷乐趣，体验到工作不再是一件苦差事，而是一件快乐的事，而你自己当然就是一个充满快乐的受益者。

把工作当作自己的事业

工作，对你来说，意味着什么？如果你把工作看成是交易，员工出卖劳动力，企业购买劳动力，是赤裸裸的金钱交易，那么，这一过程是痛苦的。但是，换个角度，把工作看成是事业，企业为员工提供施展才能的平台，员工在企业中如鱼得水、大展拳脚，与企业共同分享成功的喜悦，那么，这一过程是幸福的。工作是一个人的使命所在，要热爱并用心地做好自己的工作。把工作当成自己的事业来看待，你的工作就会变得更有效率，你也就更乐于工作，而且更容易取得成功。

有人问罗斯福总统的夫人："尊敬的夫人，你能给那些渴求成功特别是那些年轻的、刚刚走出校门的人一些建议吗？"

总统夫人谦虚地摇摇头，她说："不过，先生，你的提问倒令我想起我年轻时的一件事——

"那时，我在本宁顿学院念书，想边学习边找一份工作做，最好能在电讯业找份工作，这样我还可以修几个学分。我父亲便帮我联系，约好了去见他的一位朋友，当时任美国无线电公司董事长的萨尔洛夫将军。

"等我单独见到了萨尔洛夫将军时，他便直截了当地问我想找什么样的工作，具体是哪一个工种？我想，他手下公司的任何工种都让我喜欢，无所谓选不选了，便对他说，随便哪份工作！

"只见将军停下手中忙碌的工作，用目光注视着我，严肃地说：'年轻人，世上没有一类工作叫随便。'将军的话让我面红耳赤。这句发人深省的话，伴随我的一生，让我以后非常努力地对待每一份新的工作。"

如果可以选择的话，没有人会选择平庸。但是，就在成千上万人做着同样的事情、重复着同样的故事时，有那么多的人走向了平庸。令他们平庸的是他们的工作吗？但为什么相同的工作，却有很多人用它谱出了生命中华彩的篇章？这是因为，有些人仅仅为了工作而工作，他们的目标只是薪水。而一个在工作上有追求的人，却可以把"梦"做得更高些，虽然开始时是梦想，但他们对工作的追求，使得他们把梦想变成了现实。

在现实生活中，能够按照自己的爱好想做什么就做什么的人很少。一个人大部分时间都在为生活而工作。因此，把职业当作事业来经营，是一个人获得成功的最好法宝。"你把今天的工作视为事业，在未来的三年五年之后你就会拥有自己的事业；你把今天的工作视为职业，在未来的三年五年之后你依然只有一份职业。"人生能有几个三年五年呢？

当把职业当事业来经营时，你会全力以赴；当把职业当职业来做时，你就不会全力应付。成功有赖于观念和态度的转变。

我们每一个人身在职场，首先要认清自己，你所从事的职业完全由你自己的职业取向所决定。你的取向是把职业当生活的来源来对待，还是把职业当作自己一生的事业来对待，其结果将有天壤之别。

一个有着成功职业的员工，首先学会的就是摆正自己的位置，明确自己的职责，并在工作中持有这样的工作信条：工作不代表你整个人，而你对工作的态度却决定你是怎样的一个人；快乐来自于内心的充实，而内心的充实来自于经营事业的快乐。工作激情来自于进取心而不是平常心，安心于平凡的岗位，但也要不甘于平平庸庸度过一生，把职业当事业。

如果你从事业的眼光看待职业工作的话，就会少一些怨言和颓废，多一些积极和努力，多一些合作和忍耐，从而不断拓宽自己的视野，多领悟一些

第四篇　驾驭心态　树立正确心态，成就完美人生

道理，多掌握一些本领和技能。

　　一个人要想步入成功的殿堂，最好的办法是把自己的本职工作、自己该做的事做好，忠于职守，尽职尽责；认真地去做事，认真地去做每一件事，做正确的事，用正确的方法做事；只有把职业当事业来经营，你才会选择主动，当你选择主动的时候，特别是选择满腔热情地工作的时候，你必能从竞争中脱颖而出，从优秀到卓越，这将是人生中一次质的飞跃。

　　松下幸之助常说，自己之所以成功，是因为他从内心里把自己的职业当成事业。他指出："我并没有那么长远的规划。只是珍视每一个日日夜夜，做好每一项工作，这是我今日能辉煌的秘诀。当年，我仿佛并没有什么要建一座大工厂的远大规划。创业初期，我一天的营业额仅 1 日元，后来又期盼一天有 2 日元，达到 2 日元又渴望 3 日元，如此而已，我只不过是努力地做好每一天的工作。"他在一次演讲中还说道，"每遇到难题的时候，我都扪心自问，自己是否以生命为赌注全力对待这项工作了？当我感到非常烦恼苦闷时，往往是因为没有全身心地投入工作。由此我便洗心革面，全力向困难挑战。有了勇气，困难便不成其为困难了。"

　　"让青年胸怀大志的确是件好事，然而，为达到这个目的，首先必须把自己的职业当成事业，并由此而日积月累，珍视每一天的每一件工作，循序渐进地取得进步。长此下来，最终将成就伟大的事业。"

　　有人把职业当成谋生糊口的手段，而一名优秀的员工绝对是属于把职业当事业来经营的人；一个从优秀到卓越的员工，一定是把职业当事业的员工。

　　当我们找到事业的北斗星，拥有清晰的心理地图之后，接下来的工作就是在北斗星的指引下，循着地图的标示坚定不移地走下去。只要我们选择了一份工作，我们就要以做事业之心做好它。或许你在工作之初有些不适应，但是喜欢不喜欢这份工作是一回事，应该不应该做好这份工作是另一回事，要想成就事业，就要从干好本职工作开始。

勇担责任，不找借口

　　我们每个人都在以不同的方式承担着责任，无论是在工作中还是在生活

中。其实，每个人都希望自己对于公司而言是不可或缺的。只有当我们自己为公司承担责任时，才会意识到自己在公司中是重要的，才会真正感觉到自己在公司中是有位置的。

但在工作中，许多人都找借口来推卸自己的责任。他们在享受了借口带来的短暂快乐后，起初有点自责，觉得自己的行为多多少少有点骗人的味道。可是，重复的次数多了，也就变得无所谓了，原本有点良知的心变得越来越麻木不仁。也许，借口所说的原因，正是自己不能成功的真正原因吧。

在一个公司里，我们经常会看见这样的情形：

"约翰先生为什么还没有签下那一单？"老板问。

梅西呆呆地坐在那里，脸色有些苍白：

"他还没有给我回信，先生。"

"他多少天没有回信了？"

"已经有一个月了，先生。"

老板大怒："那你为什么还待在这里？"

而可怜的梅西还待在原地，不知如何是好。

当约翰先生一个月都没有回信时，梅西不知道该如何做下去：

1. 是否给约翰先生打一个电话？
2. 或者登门拜访他一次？
3. 要不要向主管汇报？
4. 我要等到什么时候？

梅西在一个月里对于约翰先生的问题是什么都不去做。他想：反正这一张桌子是属于我的，老板不会因此解雇了我。约翰先生不回信，又不是我的错，难道还要我拿着枪逼着他签约不成？

这种行动上的迟缓、思想上的愚钝和道德上的不负责任，导致大量的工作岗位有名无实、大量的工作资源被无谓地浪费掉。

我们要清楚的是，在世界上任何一个公司或机构中，不是先有员工然后才有工作。任何一个受聘于公司的员工都应该有这样的意识：首先是先有工作任务，比如要盖一所房子，然后才会产生一个房屋设计师的工作岗位，然后才能根据这个岗位的需求找到合适的人。那些认为工作能轻而易举获得，因而浑浑噩噩、好吃懒做、投机取巧的人，他们不会反思自己获得一个岗位

第四篇　驾驭心态　树立正确心态，成就完美人生

与老板的真正关系。这是造成他偷懒、松懈、不负责任的根源。事实是：这个岗位是为工作而设定的，不是为你而设定的，如果你不能胜任这个工作，你就得走人。这就是生物界优胜劣汰的规则。

那些已经获得了工作机会的人，他们应该感谢这一机会的提供者。因为工作如同战斗一样，如果你不能消灭敌人，你就不会再有机会去消灭敌人——要么被撤换，要么被敌人消灭掉。

如果你到现在还被雇用，这起码表明，到目前为止，在胜任这个工作岗位的问题上你是合格的。所有保持这种心态的人，都应该静下来想一想梅西的问题。当你获得一份工作的机会，你就必须为你的老板负责。因为是他让你拥有了这个机会。如果你想让这个机会永远保持住或者升到更高的位置，你就必须对自己负责。你只有对自己负责，才不会每天浑浑噩噩地混日子，才不会拿多少薪水干多少活儿。你只有对自己快乐地负责，才会想到工作不是不劳而获，不是天上掉馅饼，你不仅要完成这个工作，还要学会更好、更快地完成这个工作。

抛弃找借口的习惯，你就会在工作中学会大量的解决问题的技巧。这样借口就会离你越来越远，而成功就会离你越来越近。

一个漆黑的夜晚，坦桑尼亚的奥运会马拉松选手艾克瓦里吃力地跑进了墨西哥市奥运体育场，他是最后一名抵达终点的选手。

这场比赛的优胜者早就领了奖杯，庆祝胜利的典礼也早已结束，艾克瓦里一个人孤零零地抵达体育场时，整个体育场已经空荡荡的。艾克瓦里的双腿沾满血污，绑着绷带，他努力地绕场跑完一圈，跑到终点。在体育场的一个角落，纪录片制作人格林斯潘远远看着这一切。接着，在好奇心的驱使下，格林斯潘走了过去，问艾克瓦里，为什么这么吃力地跑到终点？

这位年轻人轻声地回答："我的国家从两万多公里之外送我来这里，不是仅仅叫我在这场比赛中起跑的，而是派我来完成这场比赛的。"

负责任的人，没有任何借口，也没有任何抱怨。他们永不放弃，保持积极的心态，承担起自己肩上的责任，再苦、再累也不停止。责任将能唤醒坚强的意志，并使其形成一股惊人的力量。

无论做什么事，都要记住自己的责任，无论在什么样的工作岗位，都要对自己的工作负责。工作就是不找任何借口地去执行。

做问题的终结者

一对年轻夫妇顶着瓢泼大雨来见智者，原来是这对夫妇家的房子早就漏水了，如今被雨水猛烈冲击，家里的许多东西都被淹了。

这对夫妇不断争吵，互相埋怨，他们来找智者的目的就是让智者来评一评到底是谁使家中遭受如此严重的灾难，关于这个问题他们已经吵了一整天。

智者对他们说："如果你们不是互相埋怨，而是齐心协力地及早解决问题；如果你们把争吵的时间和精力用在修补房子上，那你们今天就可以在房间里享受家庭的温馨了。"

埃尔德·克利弗说："这个世界上有两种人。一种人是看见了问题，然后界定和描述这个问题，并且抱怨这个问题，结果自己也成了这个问题的一部分。另一种人是观察问题，并立刻开始寻找解决问题的办法，结果在解决问题的过程中使自己的能力得到了锻炼，品质得到了提升。"

你愿意成为问题的一部分，还是成为解决问题的人，这个选择决定了你是一个推动公司发展的关键员工，还是一个拖公司后腿的问题员工。因为公司不仅需要善于发现问题的员工，更需要能够在工作中主动找方法、将问题妥善解决的员工。因此，当你面对工作中的问题时，应当主动思考解决方案，在向上级提问题时，一定也要把解决方案拿出来，做问题的终结者。

试想，如果你是一名管理者，下属带着问题来找你，你希望他怎样做？是不负责地把问题推给你，对你说"这个问题很麻烦，需要解决"，还是带来几个方案，并能指出各个方案的利弊，请你选择。很显然，没有人会喜欢第一类的下属。一位人力资源主管说过："公司聘请你来，是为了让你解决问题，做出业绩，而不是为了听你关于问题的长篇累牍的分析。"

因此，当你的工做出现问题时，你首先要想到如何去解决，而不是简单地把问题推给上级。与上级商量或汇报工作时，必须先把问题想一遍，考虑一下可能解决的办法，最好已经有了自己的选择，这样的工作态度才能令上级满意，才算真正地懂得了做事的方法。

1861年，当美国内战开始时，林肯总统还没有为联邦军队找到一名合适的总指挥官。

林肯先后任用了4名总指挥官，而他们没有一个人能"100%执行总统的命令"——向敌人进攻，打败他们。

最后，任务被格兰特完成。

从一名西点军校的毕业生到一名总指挥官，格兰特升迁的速度几乎是直线的。在战争中，那些能圆满完成任务的人最终会被发现、被任命、被委以重任，因为战场是检验一个士兵、一个将军到底能不能出色完成任务的最佳场所。

在格兰特将军担任联邦军队总指挥官期间，纽约方面派了一个牧师代表团到白宫求见林肯，要求撤换格兰特。林肯耐心地听他们讲了一个小时，然后林肯说："诸位还有话要说吗？"代表们说："没有了。"于是林肯问道："诸位先生，你们讲得很好，我想请你们告诉我，格兰特将军喝的酒是什么牌子的？"大家回答说："不知道。"林肯说："这太令人遗憾了。如果你们能告诉我是什么牌子，我将派人购买该牌子的酒10吨，送给那些没有打过胜仗的将军们，好让他们也像格兰特一样打几场胜仗！"

为什么林肯总统这么器重格兰特？

因为在当时的局势下，联邦军队大部分的将领一直在打败仗，他们甚至差点被南方军队打到华盛顿。他们中间没有一个人敢于主动进攻，更没有一个人能像格兰特那样：当他还是上校时，他就开始打胜仗；当他升为陆军准将时，他还是在打胜仗；当他升为少将时，他仍然在打胜仗。他打胜仗越来越多，规模也越来越大。他总是能利用手中有限的军队、有限的武器，创造战场上的最大胜利。

在后来格兰特升为联邦军队的总指挥后，他更创造了战争史上一个又一个的奇迹。

格兰特因为创造了无数影响后人的经典战役，他本人也被称为"战场上的想象大师。"

林肯总统是格兰特最有利的支持者。而格兰特以他非凡的执行力赢得了林肯的信任。

林肯在后来曾说道："格兰特将军是我遇见的一个最善于完成任务的人。"

在林肯心中，格兰特将军是一个善于找方法、克服困难的人，而不是一个只会找借口、提困难的下属。

工作中难免会出现种种问题，这就和日出日落一样是很自然的现象。一个企业自从成立起,就要面对重重困难和各种问题,企业不仅需要善于发现问题的员工,更需要能够在工作中主动找方法解决问题的员工。这时候,那些善于思考、能够主动解决问题的员工就显得十分重要。面对问题,我们每个人都要让自己成为解决问题的人,而不是让自己成为问题的一部分,我们应该用自己的行动和智慧推动公司的发展。

激发你的工作热忱

热忱是一种重要的力量。你可以利用它克服自己对一些事物毫无兴趣的弱点,使自己获得好处。没有了它,人就像一个没有电的电池一样毫无作为。

热忱是一股伟大的力量,你可以利用它来补充你身体的精力,并培养坚强的个性。有些人很幸运地天生即拥有热忱,而有些人却必须努力才能获得。培养热忱的过程十分简单,首先就是从事你最喜欢的工作,或提供你最喜欢的服务。如果你因情况特殊,目前无法从事你最喜欢的工作,那么,你也可以选择另一项十分有效的方法,那就是把你最喜欢的那项工作,当作你明确的目标。

热忱是成功的源泉。你的意志力、追求成功的热忱愈强,成功的概率就愈大。

热忱是工作的灵魂,如果我们在工作中失去了热忱,我们的工作将会变得单调而琐碎,毫无生气;我们所做的一切将归于平淡,昔日充满创意的想法也必将消失,甚至我们的前途也会因之黯然失色。那么,我们也将没有任何快乐可言。

对工作热忱,是一切希望成功的人——创造杰作的艺术家、卖肥皂的人、图书馆的管理员,以及各行各业的人员——都必须具备的条件。

热忱这个字眼源自希腊语,意思是"受了神的启示"。

在你的工作中融入热忱,那么,你的工作将不会显得辛苦或单调。热忱会使你的整个身体充满活力,使你只需在工作时间不到平时一半的情况下,工作量达到平时的2倍或3倍,而且不会觉得疲倦。

成功学大师卡耐基认为,对工作热忱的人具有无穷的力量。威廉·费尔波是耶鲁大学最著名而且最受欢迎的教授之一,他在那本极富启示性的《工作的

第四篇　驾驭心态　树立正确心态，成就完美人生

兴奋》中写道："对我来说，教书凌驾于一切技术或职业之上。如果有热忱这回事，这就是热忱了。我爱好教书，正如画家爱好绘画，歌手爱好歌唱，诗人爱好写诗一样。每天起床之前，我都兴奋地想着有关学生的事……人在一生中之所以能够成功，最重要的因素就是对自己每天的工作抱着热忱的态度。"

当一个人对自己的工作充满激情的时候，他便会全身心地投入到自己的工作之中。这时候，他的自发性、创造性、专注精神等对工作有利的条件便会在工作的过程中充分表现出来。

雅诗·兰黛是许多年来一直盘踞《财富》与《福布斯》杂志等富商榜首的传奇人物。这位当代"化妆品工业皇后"白手起家，凭着自己的聪颖和对工作和事业的高度热情，成为世界著名的市场推销专才。由她一手创办的雅诗·兰黛化妆品公司，首创了卖化妆品赠礼品的推销方法，使得公司脱颖而出，走在了同行的前列。她之所以能创造出如此辉煌的成绩，不是靠世袭，而是靠她对待工作和事业的激情态度。在80岁前，她每天都能斗志昂扬、精神抖擞地工作10多个小时，她所持有的工作态度和旺盛的精力实在令人惊讶。后来，雅诗·兰黛名义上已经退休了，实际上她照例会每天穿着名贵的服装，精神抖擞地周旋于名门贵族之间，替自己的公司作无形的宣传。

确实，激情增加一点儿，工作就大不一样。著名人寿保险推销员帕克在与同伴分享成功经验时，对自己的成功做了充分的诠释："我认为，激情是决定我成功的最关键的因素，我以前也曾被人骂作懒惰的家伙，但自从我决定以超强的激情来对待自己的工作后，事情开始有了变化。那时，我还是一名职业棒球运动员。在我刚转入职业棒球界不久，我就遭到了有生以来最大的打击——我被开除了，理由是我打球无精打采。老板对我说：'小伙子，离开这儿后，无论你去哪儿，都要振作起来，工作中要有生气和热情。'这是一个重要的忠告，虽然代价惨重，但还不算太迟。于是，当我进入纽黑文队时，我下定决心在这次联赛中一定要成为最有激情的球员。

"从此以后，我在球场上就像一个充足了电的勇士。掷球是如此之快、如此有力，以至于几乎要震落场内接球同伴的手套。在烈日炎炎下，为了赢得至关重要的一分，我在球场上奔来跑去，完全忘了这样会很容易中暑。第二天早晨的报纸上赫然登着我们的消息，上面是这样写的：'这个新手充满了激情并感染了我们的小伙子们。他们不但赢得了比赛，而且看来情绪比任

何时候都好。'那家报纸还给我起了个绰号叫'锐气',称我是队里的'灵魂'。三个星期以前我还被人骂作'懒惰的家伙',可现在我的绰号竟然是'锐气'。

"于是我的月薪从25美元涨到185美元。这并不是因为我球技出众或是有很强的能力,在投入热情打球以前,我对棒球所知甚少。除了'激情'还有什么能使的月薪在10天内上升7倍呢?

"退出职业棒球队之后,我去做人寿保险推销工作。在10个月令人沮丧的推销之后,我被卡耐基先生一语惊醒。他说:'帕克先生,你毫无生气的言谈怎么能使大家感兴趣呢?'于是,我决定以我加入纽黑文队打球的激情投入到做推销员的工作中来。有一天,我进了一个店铺,鼓起我的全部热情试图说服店铺的主人买保险。他大概从未遇到过如此热情的推销员,只见他挺直了身子,睁大眼睛,一直听我把话说完。最终他没有拒绝我的推销,买了一份保险。从那天开始,我真正地开展推销工作了。在12年的推销生涯中,我目睹了许多推销员靠激情成倍地增加收入,同样也目睹更多人由于缺少热情而一事无成。"

帕克在事业上有所成就,与其说是取决于他的才能,不如说是取决于他的激情。凭借激情,他在烈日当空的酷热中超常发挥;凭借激情,他感染了成千上万的陌生人,使他们成为他的客户。

对工作充满热情的人,他们的热情并不在于专挑自己喜欢的事情做,而在于发自内心地喜欢自己所做的工作。

主动工作,超越老板的期望

在职场中,等事来做,等来的只是平庸;只有在工作中主动进取,寻找事情、发现问题,才能让你在众多员工中脱颖而出,受到老板的重视,为自己的发展和晋升提供机会。

如果你想取得优秀员工那样的成绩,办法只有一个,那就是比那个优秀员工更积极主动地工作;如果你想取得像老板今天这样的成就,办法只有一个,那就是比老板更积极主动地工作。

美国标准石油公司有一位被大家称为"每桶4美元"的员工。他只是一

第四篇　驾驭心态　树立正确心态，成就完美人生

个小职员，之所以得到这样的称号，是因为这位员工在出差住旅馆的时候，或在写信和签收据的时候——在一切需要签名的时候，总会在自己名字的下方加注"每桶4美元的标准石油"的字样。久而久之，大家都知道了他的这个习惯，于是戏称他为"每桶4美元"，他的真名反而没人叫了。这个名字传到了公司董事长洛克菲勒的耳朵里，他说："想不到竟然有员工这样不遗余力地为公司进行宣传，我要见见他。"于是，洛克菲勒邀请那位员工共进晚餐。

后来，洛克菲勒从标准石油公司卸任，他的继任者就是那个被称为"每桶4美元"的人，他的名字叫阿基伯特。

在阿基伯特的心中，既然身为标准石油公司的员工，自己就有义务这样宣传自己公司的产品。尽管老板并没有分配他在签名时署上"每桶4美元的标准石油"的任务，但是他自动自觉地去做了，而机会也自然而然地到来了。他不但得到了老板的注意，还成为老板的继任者。这充分说明，成功的机会不会白白降临，只有积极主动工作的员工才有获得更多更好机会的可能。如果你总是只有在老板注意时才有好的表现，那么你永远也无法取得你想要的成功。如果你能够做到比老板期望的还要多，那么你就永远不用担心自己没有机会。在任何一个公司里，那些不必老板交代就自己找事做的员工，那些接到任务时不会找借口的员工，那些永远也不问"怎么办"而是自己动手去克服困难的员工，那些主动请命为公司工作的员工就是老板心目中最优秀的员工，在有升职机会时，老板第一个想到的就是这些人。

在职场中，有一条著名定律——"多一盎司定律"。它是由著名投资专家约翰·坦普尔顿通过大量的观察研究所得出的。他指出：取得突出成就的人与取得中等成就的人几乎做了同样多的工作，他们所做出的努力差别很小，只是"多一盎司"，但其结果，即所取得的成就及成就的实质内容方面，却总是有着天壤之别。

约翰·坦普尔顿认为，只多那么一点儿就会得到更好的成绩，那些在一定的基础上多加了2盎司而不是1盎司的人，得到的份额将远大于多加1盎司应得的份额。

"多一盎司定律"实际上就是比别人多做一点，让你"物超所值"。

多加一盎司，工作可能就大不一样。尽职尽责完成自己的工作的人，最

多只能算是称职的员工，而如果在自己的工作中再"多加一盎司"，你就可能成为优秀的员工，成为优秀的管理者。

"多一盎司定律"带给我们的不只是"多一盎司"的收获。如果你多加一盎司，你的士气就会高涨，而你与同伴的合作就会取得非凡的成绩。要取得突出成就，你必须比那些取得中等成就的人多努一把力，学会再多加一盎司，你将会得到意想不到的收获。

对我们来讲，"多加一盎司"事实上并不是什么天大的难事，既然我们已经付出了99%的努力，已经完成了绝大部分的工作，再多增加"一盎司"又何妨呢？而在实际的工作生活中，我们往往缺少的却是"多一盎司"所需要的那一点点责任、一点点决心、一点点敬业的态度和自动自发的精神。

"多一盎司"并非多此一举，而是让你超越老板希望。大到对工作、公司的态度，小到你正在完成的工作，甚至是接听一个电话、整理一份报表，只要能"多加一盎司"，把它们做得更完美，你将会有数倍于一盎司的回报，将会得到老板10倍的赞许和信赖。

"多加一盎司"很简单，但获得成功的秘密就在于加上那一盎司。多加一盎司的结果会使你最大限度地发挥你的天赋。

"多加一盎司"，你就会朝着成功的目标又迈进一步。比别人多做一点，你收获的将是10倍的赞许和机会，你的身影就会比别人早到达老板的视线内。这是培养老板心态十分必要的一步。

第十七章
在逆境中不断成长

苦难是成长的殿堂

他的话讲完了，整个会场一片沉静，是那种每个人都受到震撼之后的沉静。许久，掌声才响起来。

那是大陆和台湾地区两岸的十大杰出青年的一次座谈会，地点在北京的西苑饭店。在他之前发言的是大陆的陈章良、孙雯和台湾地区的一个青年科学家。三位明星人物的发言都很精彩，但是都太形式化了，拖的时间也太长。轮到他发言时，已过了预定的会议结束时间，于是主持人宣布让他讲3分钟。

他的第一句话是"日本有个阿信，中国台湾有个阿进，阿进就是我。"接着这句开场白，他给大家讲了他的故事：

他的父亲是个瞎子，母亲也是个瞎子且弱智，除了姐姐和他，其他弟弟妹妹也都是瞎子。瞎眼的父亲和母亲只能当乞丐，住在乱坟岗的墓穴里。他一生下来就和死人的白骨相伴，能走路了就和父母一起去乞讨。他9岁的时候，有人忠告他的父亲该让儿子去读书，要不他长大了还是要当乞丐。父亲就送他去读书。上学第一天，老师看他脏得不成样子，给他洗了澡。为了供他读书，才13岁的姐姐无奈到青楼去卖身。照顾瞎眼父母和弟妹的重担落到了他小小的肩上——他从不缺一天课，每天一放学就去讨饭，讨饭回来就跪着喂父母。瞎且弱智的母亲每次来月经，甚至都是他给换草纸。后来，他上了一所中专学校，而且竟然还获得了一个女同学的爱情。但那女同学的母亲却说"天底下找不出他家那样的一窝人"，把女儿锁在家里，用扁担把他打出了门……

人生是一种态度

　　故事讲到这里，他说："由于时间的关系，今天就不讲太多了。"然后，他提高了嗓门："但是，我要说，我对生活充满感恩的心情。我感谢我的父母，他们虽然瞎，但他们给了我生命，至今我都还是跪着给他们喂饭；我还感谢苦难的命运，是苦难给了我磨炼，给了我这样一份与众不同的人生；我也感谢我的丈母娘，是她用扁担打我，让我知道要想得到爱情，我必须奋斗、必须有出息……"

　　座谈会结束后，大家才知道他叫赖东进，是中国台湾第37届十大杰出青年、一家专门生产消防器材的公司的董事长。

　　鲁迅先生说："不在沉默中爆发，就在沉默中灭亡。"我们也可以说："不在苦难中爆发，就在苦难中灭亡。"把苦难当成你人生的一笔财富，坚定不移地走下去吧！苦难会给予你优厚的报酬。

　　苦难是人生的一大财富，不幸和挫折可以使人沉沦，也可以铸造坚强的意志和品质，成就一个充实的人生。苦难是人生的一位良师，它能教给我们学会用感激的心情、积极的态度对待一切问题，养成坚强的意志，勇敢地参与社会竞争。

　　苦难是一所学校。许多人的生命之所以伟大，都来自他们所承受的苦难。最好的才干往往是从烈火中冶炼出来的。

　　人类总要经历重重的苦难，没有苦难的人生往往没有辉煌。正如孟子所说"生于忧患，死于安乐"。当人们面对苦难时，下意识的就会挑战苦难，并最终战胜苦难。

　　人生是苦难的，我们也是苦难的。有谁没面对过风霜的侵袭，又有几个人在茫茫人海中漂泊，能顺利地觅得一席安寝之地？也许我们应该问问那些成功之人背后的故事，其实每一个成功之人背后都有一部苦难史。

　　高尔基说过："苦难是人生最好的大学。"进过这所大学而且还能挺着胸从这里走出去的人，必将成为生命的强者。它们就像是山顶的树，狂风来时会低一下头，弯一下腰，但风一过，它又直直地挺起了头，刚强，而又有韧性。

　　苦难会给人很多财富。人们在苦难中学会了坚强和忍耐，性格变得平和而达观。他们隐忍着自己的伤痛，而对他人充满着仁慈与关爱，甚至对曾经伤害过自己的人也给予宽容和理解。人性中那些轻狂浮躁、狡黠虚伪、庸俗势利等天性，离他们越来越远。因为他们知道，人生无常，命运无常，你费尽心机得到的浮华终将是过眼烟云。是你的跑不掉，不是你的强留也留不住。珍惜自己所拥有的，走好脚下的每一步，才是根本。

苦难虽然有时会把你一生的追求和信念一瞬间撕得粉碎，它也可能对你穷追不舍，一点点地蚕食着你生命中的绿色。但是，无论你经历过多少苦难，走过多少坎坷，你都不会一无所有，你总会还拥有一些东西，它们是你生命里最为宝贵的财产。

其实苦难只是人生中不可避免的考验，有谁能不经历苦难就为自己争得一片天地？苦难是人生中不可或缺的一个角色，没有它，人生便不会精彩。

苦难，是一个人、一个群体与一个民族精神成长的素材。而贫乏的时代之所以贫乏，往往在于世人不知苦难的深刻，人民不知苦难的深广，民族不知苦难的深重。只有承受苦难之后的不屈不挠，才称得上是灵魂的一种坚实状态，才称得上是源自坚强而又返归坚强的精神性存在。

造就伟人的不是顺境，而是困境，在生活的任何一个驿站，要想取得任何的成就，都必须面对和征服重重苦难。

正视人生路上的风和雨

人的一生绝不可能是一帆风顺的，既会有成功的喜悦，也会有扰人的烦恼；既会经历波澜不兴的坦途，更会经历布满荆棘的坎坷与险阻。在挫折和磨难面前，畏缩不前的是懦夫，奋而前行的是勇者，攻而克之的是英雄。

逆境是一片翻涌着惊涛骇浪的大海，你可以在那里锻炼胆识，磨炼意志，获取宝藏，但也有可能因胆怯而后退，甚至被吞没。这一切就看你采取何种态度面对人生路上的种种逆境。

日本的一家公司要招聘10名职员，经过一段时间严格的面试和笔试，公司从300多名应聘者中选出了10名佼佼者。

发榜这天，一个叫水原的青年见榜上没有自己的名字，悲痛欲绝，回到家中便要悬梁自尽，幸好亲人及时发现，水原才没有死成。

正当水原悲伤之时，却从公司传来了好消息：水原的成绩本是名列前茅，只是由于计算机的错误，才导致了水原的落选。

人生是一种态度

正当水原一家大喜过望之时,却从公司又传来消息:水原被公司除名了。原因很简单,公司的老板认为:"如此小的挫折都经受不了,这样的人肯定在公司里干不成什么大事。"

检验一个人,最好是在他失败的时候:看失败能否唤起他更多的勇气;看失败能否使他更加努力;看失败能否使他发现新力量,挖掘潜力;看失败了以后,他是更加坚强还是就此心灰意冷。

失败算什么?!在挫折和失败面前,我们必须有狼一样永不言败的心态:惭愧而不气馁,内疚而不失望,自责而不伤感,悔恨而不丧志。在失败中踏出一条新路,才有希望摘取成功的桂冠。

一天夜里,一场雷电引发的山火烧毁了美丽的"万木庄园",这座庄园的主人迈克陷入了一筹莫展的境地。面对如此大的打击,他痛苦万分,闭门不出,茶饭不思,夜不能寐。

转眼间,一个多月过去了,年已古稀的外祖母见他还陷在悲痛之中不能自拔,就意味深长地对他说:"孩子,庄园成了废墟并不可怕,可怕的是,你的眼睛失去了光泽,一天一天地老去。一双老去的眼睛,怎么能看得见希望呢?"

迈克在外祖母的劝说下,决定出去转转。他一个人走出庄园,漫无目的地闲逛。在一条街道的拐弯处,他看到一家店铺门前人头攒动。原来是一些家庭主妇正在排队购买木炭。那一块块躺在纸箱里的木炭让迈克的眼睛一亮,他看到了一线希望,急忙兴冲冲地向家中走去。

在接下来的两个星期里,迈克雇了几名烧炭工,将庄园里烧焦的树木加工成优质的木炭,然后送到集市上的木炭经销店里。

很快,木炭就被抢购一空,他因此得到了一笔不菲的收入。他用这笔收入购买了一大批新树苗,一个新的庄园已然初具规模了。

几年以后,"万木庄园"再度绿意盎然。

"山重水复疑无路,柳暗花明又一村。"世间没有死胡同,就看你如何去寻找出路。正视困境,不在困难面前退缩,才不会让心灵荒芜,才不会无路可走。

成功,是从不断的挫折和失败中建立起来的,它不仅是一种结果,更是一种不怕失败、在磨难中永不屈服的能力。松下幸之助说:"成功是一位贫乏的教师,它能教给你的东西很少;而我们在失败的时候,学到的东西最多。"

因此，不要害怕失败，失败是成功之母。没有失败，你不可能成功。那些不成功的人几乎都是永远没有失败过的人。

若每次失败之后都能有所"领悟"，把每一次失败都当作成功的前奏，我们就能化消极为积极，变自卑为自信。作为一个现代人，应具有迎接失败的心理准备。世界充满了成功的机遇，也充满了失败的风险，所以我们要树立持久心，以不断提高应付挫折与干扰的能力，同时要调整自己，增强社会适应力。

成功之路难免坎坷和曲折，有些人把痛苦和不幸作为退却的借口，也有些人在痛苦和不幸面前寻得复活和再生。只有勇敢地面对不幸和超越痛苦，永葆青春的朝气和活力，用理智去战胜不幸，用坚持去战胜失败，我们才能真正成为自己命运的主宰，成为掌握自身命运的强者。

要战胜失败所带来的挫折感，就要善于挖掘并利用自身的"资源"。应该说当今社会已大大增加了这方面的发展机遇，只要你敢于尝试，勇于拼搏，就一定会有所作为。虽然有时个体不能改变"环境"的"安排"，但谁也无法剥夺其作为"自我主人"的权利。屈原放逐乃赋《离骚》，司马迁受宫刑乃成《史记》，就是因为他们无论什么时候都不气馁、不自卑，都有坚忍不拔的意志。有了这一点，我们才能挣脱困境的束缚，迎来光明的前景。

只有经历了风雨，彩虹才会出现，放出美丽的光彩；只有从困境中走出的人，才是真正的强者。

"宝剑锋从磨砺出，梅花香自苦寒来。"磨难是获得成功的一种方式。不懂得在痛苦中丰富和提高自己的人，多半是愚蠢和懦弱的。当我们遇到种种挫折和问题之时，既不应回避，也不应沮丧，而应正视困境，多想办法，迎难而上，这样才能使自己与智慧结下缘分，让磨难铸就出辉煌人生。

失败了也要昂首挺胸

面对失败，我们是苛求自己，还是给予自己激励和勇气？有这样一则故事，给了我们答案：

巴西足球队第一次赢得世界杯冠军回国时，专机一进入国境，16架喷

人生是一种态度

气式战斗机立即为之护航，当飞机降落在道加勒机场时，聚集在机场上的欢迎者达3万人。从机场到首都广场不到20公里的道路上，自动聚集起来的人群超过了100万。多么宏大和激动人心的场面！然而在这之前一届的欢迎仪式却是另一番景象。

1954年，巴西人都认为巴西队能获得世界杯赛冠军。可是，天有不测风云，在半决赛中巴西队却意外地败给法国队，结果那个金灿灿的奖杯没有被带回巴西。球员们悲痛至极。他们想，去迎接球迷的辱骂、嘲笑和汽水瓶吧，足球可是巴西的国魂。

飞机进入巴西领空，他们坐立不安，因为他们的心里清楚，这次回国凶多吉少。可是当飞机降落在首都机场的时候，映入他们眼帘的却是另一种景象。巴西总统和2万名球迷默默地站在机场，他们看到总统和球迷共举一条大横幅，上书：失败了也要昂首挺胸。

队员们见此情景顿时泪流满面。总统和球迷们都没有讲话，他们默默地目送着球员们离开机场。4年后，他们终于捧回了冠军奖杯。

失败并不可怕，可怕的是失败了之后你就消沉下去，一蹶不振。要学会摆脱失败的阴影，在失败面前昂首挺胸。

人生的成功道路上难免会有失败的乌云笼罩。面对失败，想要获得成功的人需与暴雨相随，与狂风对抗，方能攀上自我实现的高峰。那么，为什么一遇到行动上的阻力你便会退缩呢？为什么你的意志力会如此脆弱呢？因为你缺少成功的信念，成功的信念将会使你坚定向前，而无惧于沿途所遭逢的困难，想要获得成功，需与暴雨相随，与狂风对抗——昂首面对失败的挑战。

世界上有无数强者，即使他们丧失了所拥有的一切东西，也还不能把他们叫作失败者，因为他们仍然有不可屈服的意志，有着坚忍不拔的精神，而这些足以使他们从失败中崛起，走向更伟大的成功。

第二次世界大战刚刚结束的时候，德国到处是一片废墟。有两个美国士兵访问了一家住在地下室的德国居民。离开那里之后，两个人在路上谈起感受。

甲问道："你看他们能重建家园吗？"

乙说："一定能。"

第四篇　驾驭心态　树立正确心态，成就完美人生

甲就问："为什么回答得这么肯定呢？"

乙反问道："你看到他们在黑暗的地下室的桌子上放着什么吗？"

甲说："一瓶鲜花。"

乙接着说："任何一个民族，如果处于这样困苦的境地，还没有忘记鲜花，那他们就一定能够在这片废墟上重建家园。"

面对苦难和失败，依然摆放鲜花，昂首面对，这样的民族必然会重新崛起。

世间真正伟大的强者，对于所谓的是非成败并不介意，他们能够做到"不以成败论英雄"。这种人无论面对多么大的失败，也绝不失去镇静，这样的人终能获得最后的胜利。在狂风暴雨的袭击下，心灵脆弱的人们唯有束手待毙，但强者们却能够克服外在的一切困难，而得以成功。

要想真正战胜失败，关键是要学会昂首挺胸，正视失败，从失败中吸取教训，以使下次不再犯同样的错误。只有愚蠢到不可救药的人才会在同一个地方被同一块石头绊倒两次，这样的人不太可能从失败中把握未来，实现命运的转折。

那些经常哀叹自己命运的人，大多是那些面对失败就退缩、自信心不足、不善于经营管理、喜欢铺张浪费和不肯吃苦耐劳的人。殊不知不幸和愚昧是邻居，一条狂吠的狗比一头睡狮更加管用。

面对失败，你如果不能昂首挺胸，它们就会不断扩展，直到取代你人生的所有理想与信念，控制你的心，并使你充满失败感，怀疑自己的能力，对自己所尝试的事情缺乏成功的信心。

只有昂首挺胸面对失败，才能战胜失败，战胜自我。

所谓昂首挺胸，其实就是"跌倒了再站起来，在失败中求胜利"。这是历代伟人的成功秘诀。只有敢于与失败抗争，才有可能锻造出非凡的意志力，才有可能打通成功的隧道。使得个人成功的，使得军队胜利的，实际上就是这样一种精神。跌倒不算失败，跌倒了站不起来，才是真正的失败。

有人问一个孩子，他是怎样学会溜冰的，那孩子回答道："哦，跌倒了爬起来，爬起来再跌倒，就学会了。"

对我们每一个人来说，总有许多失败与绝望的过去，总会有时候觉得自己碌碌无为，一事无成。我们竟然在衷心希望可以成功的事情上失败了；我

们至亲至爱的亲属朋友，竟然离我们而去；我们曾经失掉了职位，或是营业失败……但在强者的眼中看来，这些都是微不足道的。面对这种种失败与不幸，只要你不甘永远屈服，昂首挺胸，胜利就会在前方迎接你。

用微笑迎接挫折

困难和挫折是人生中不可避免的。有的人成功了，是因为他们能够坚强地面对，而有的人失败了，是因为他们面对困难一蹶不振，失去了继续拼搏的勇气。伟大的发明家爱迪生说过，厄运对乐观的人无可奈何，面对厄运和打击，乐观的人总会选择以笑脸迎接挫折。

泰戈尔说："不要让我祈求免遭危难，而要让我能大胆地面对它们。"

琼妮小姐是新西兰一位建筑商的女儿，移居美国后，曾在休斯敦一家电视台工作，1990年起任CNN摄影记者。1992年6月，她被派往萨拉热窝进行战地采访。在那里，曾有多名记者丧生。

琼妮在萨拉热窝逗留6个星期后，已经习惯了周围的流弹。一天清早，一颗子弹击穿车玻璃，正好击中她的脸部，几乎掀掉了她的半边脸，她的颧骨被打得粉碎，牙齿没有了，舌头被打断。送到诊所时，大夫们直摇头，认为她不行了。经过20多次手术后，她又奇迹般地回到了工作岗位。这时的她，下颌仍无感觉，脸部还留着弹片，体重减轻了8公斤。令大家吃惊的是，她要求重返萨拉热窝。

她幽默地说："说不定我还能在那里找回我的牙齿。"她甚至想认识一下当初袭击她的枪手。

有人问她，见到那个枪手后怎么办。她说："我会请他喝一杯，问他几个问题，比方说当时距离有多远。"

琼妮面对厄运的乐观态度证明她是一个具有坚韧毅力的女孩，正是这种乐观的性格，使她能够迅速摆脱挫折的阴影，积极地投入到新的工作中去。

威廉·詹姆斯说："完全接受已经发生的事，这是克服不幸的第一步。"

哲人说："太阳底下所有的痛苦，有的可以解救，有的则不能，若有可

第四篇 驾驭心态 树立正确心态，成就完美人生

能解救，就去寻找方法；若无，就忘掉它。"

快乐是什么？快乐是血、泪、汗浸泡的人生土壤里怒放的生命之花。正如惠特曼所说："只有受过寒冷的人才感觉得到阳光的温暖，也只有在人生战场上受过挫败、痛苦的人才知道生命的珍贵，才可以感受到生活之中的真正快乐。"

托尔斯泰在他的散文名篇《我的忏悔》中讲了这样一个故事：一个男人被一只老虎追赶而掉下悬崖，庆幸的是在跌落过程中他抓住了一棵生长在悬崖边的小灌木。此时，他发现，头顶上那只老虎正虎视眈眈地望着他；低头一看，悬崖底下竟还有一只老虎；更糟的是，两只老鼠正忙着啃咬悬着他生命的小灌木的根须。绝望中，他突然发现附近生长着一簇野草莓，伸手可及。于是，这人摘下草莓，塞进嘴里，自语道："多甜啊！"生命进程中，当痛苦、绝望、不幸和危难向你逼近的时候，你是否还能享受一下野草莓的滋味？"尘世永远是苦海，天堂才有永恒的快乐"是禁欲主义编撰的用以蛊惑人心的谎言，苦中求乐才是快乐的真谛。

当你对生活感到绝望的时候，请再等待三天，希望便会出现。

应邀访美的女作家在纽约街头遇见一位卖花的老太太。这位老太太穿着相当破旧，身体看上去很虚弱，但脸上却满是喜悦。女作家挑了一朵花说："你看起来很高兴。"

"为什么不呢？一切都这么美好。"

"你很能承担烦恼。"女作家又说。然而，老太太的回答令女作家大吃一惊："耶稣在星期五被钉在十字架上的时候，那是全世界最糟糕的一天，可3天后就是复活节。所以，当我遇到不幸时，我就会等待3天，然后一切就恢复正常了。"

一些常常抱怨生活不幸、命运不公的人，会感慨"一切都让我心生绝望"。如此说话的人，通常都不知道什么叫真正的"灭顶之灾"。其实，很多时候眼前的痛苦并不算什么大不了的事情。武田麻方在自传《抗争》中说："没有天生的强者，一个人只有站在悬崖边时才会真正坚强起来。"

我们在成长和生活过程中也会遇到各种障碍、困难，遭遇很多失败、痛苦。在挫折面前，有的人会出现暴怒、恐慌、悲哀、沮丧、退缩等情绪，影响了学习和工作，损害了身心健康。而有的人却能够像卖花的老太太、琼妮

那些乐观的人一样笑对挫折，对环境的变化做出灵敏的反应，善于把不利条件化为有利条件，摆脱失败，走向成功。

乐观的人在遭受挫折打击时，仍坚信情况将会好转，前途是光明的。其实，谁都有面临困难与逆境的时候，关键是看我们怎样处理。有些人在逆境中永远消极，成为一个永远的失败者；而有些人却能够积极地面对逆境，冲出重围，走向成功。

卡耐基认为，逆境是人生中不可避免的事件。既然逆境是不能避免的，那就让我们从逆境中找到动力，让逆境成为推动我们走向成功的动力。我们应该将逆境视为成功的预兆。卡耐基说过："困难与挫折其实是上天故意安排来考验我们的，其实，它就是成功的化身。成功与失败把握在我们自己手中。"

因此，面对苦难和挫折，你要抬起头来，笑对它，相信"这一切都会过去，今后会好起来的"。希望是不幸者的第二灵魂。向往美好的未来，是困难时最好的自我安慰。在多难而漫长的人生路上，我们需要一颗健康的心，需要绚烂的笑容。

持之以恒，百折不挠

要办好一件事，很多的时候都不是一帆风顺的，当我们在办事的过程中遇到挫折时，应该持之以恒，坚持到底。

办事的结果无非有两种，一种是成功，一种是失败。而那些善于把握时机的办事人员，在对待挫折时，有着一种不屈不挠的精神，正是这种精神激励着他们努力尽责地做好每一件事，并最终获得成功。

俗话说："精诚所至，金石为开。"坚持是办事成功的要素之一。当前进受阻出现僵局时，人们的直接反应通常是烦躁、恼火甚至发怒，这根本无助于事情的解决。一个人想干成任何大事，都要能够坚持下去，坚持下去才能取得成功。说起来，一个人克服一点儿困难也许并不难，难得的是能够持之以恒地做下去，直到最后成功。

唯有坚忍不拔才能使人战胜任何障碍，勇往直前。世上绝没有一个遇事迟疑不决、优柔寡断的人能够成功。

获得成功有两个重要的前提：一是坚决，二是忍耐。人们最相信的就是意志坚决的人，当然意志坚决的人有时也许会遇到艰难，碰到困苦、挫折，但他绝不会惨败得一蹶不振。我们常常听到别人问："他还在干吗？"这就是说："那个人对前途还没有绝望。"

只要有坚强的持久心，一个庸俗平凡的人也会有成功的一天。否则，即使是一个才识卓越的人，也只能遭遇失败的命运。

屡败屡战，决不放弃

从前，中国有一个将军在前线领兵打仗，但总是被打败。当必须向上司呈交战绩报告书时，为了据实报告，他写下了一句"屡战屡败"。写完后他心中非常难过并担忧起来，心想此报告书呈上后可能将会受到严厉的惩罚，或是降职，或是丢官，或是更严重的处置！

当他正为此烦恼时，他的一位聪明的军师在看了他的报告后，对他说："让我来为你做点小小的修改就没事了。"

于是他拿起笔来重抄一遍，只是将"屡战屡败"改为"屡败屡战"，其余皆一字不变。

结果如何呢？报告呈上后不久将军接到回音，上级不但没有处罚他，反而因其英勇过人而升他的职！

一个人屡战屡败并不表示他就是一个失败者；一个人能够屡败屡战，就表示他并未失败！只要一个人的斗志还在，他就不是一个失败者。

在竞争激烈的社会中，有人靠自己的智慧和能力，率先获得了成功，也有人却因种种失误经受着失败的痛苦。但成功和失败对于一个人来说总是在变化着的。你面对的究竟是失败还是成功，关键要看你是否经得起失败的考验。失败如不配上坚强的意志和一贯的恒心，它就只能是"失败"，不会孕育出成功来。我们要有足够的坚强来接受失败的打击和考验。能够面临失败而不灰心、不气馁的人，在社会中才能站得住脚。只能面对胜利而不能面对失败的人，并不是最强的人。

人生是一种态度

不要为自己的失败悲伤流泪或怨天尤人，而要检讨失败的原因，埋头自修，重新做起。人生的成功秘诀之一在于如何面对失败。有些人将失败看成打击，他的前一次失败就种下了下一次失败的种子，那是真正的失败者。另一些人则将失败作为一种收获，每一次的失败就增加了下一次成功的机会。

屡败屡战，愈战愈勇，最终胜利也就自然来临。

1832年，美国有一个人和大家一道失业了。他很伤心，但他下决心改行从政，当个政治家，当个州议员。糟糕的是，他竞选失败了。一年遭受两次打击，这对他来说无疑是痛苦接踵而至。

但是他并没有灰心，接下来他着手开办自己的企业。可是，不到一年，这家企业又倒闭了。此后17年的时间里，他不得不为偿还债务而到处奔波，历尽磨难。

他再次参加竞选州议员，这一次他当选了，他内心升起一丝希望，认定生活有了转机："可能我可以成功了！"

第二年，即1851年，他与一位美丽的姑娘订婚。没料到，离结婚日期还有几个月的时候，未婚妻却不幸去世。这对他的精神打击太大了，他心力交瘁，数月卧床不起，因此患上了精神衰弱症。

1852年，他觉得身体康复过来，于是决定竞选美国国会议员，可是仍然失败了。

一次次尝试，一次次失败，你碰到这种情况会不会万念俱灰，以致放弃新的尝试？

但他没有放弃，1856年，他再度竞选国会议员，他认为自己争取成为国会议员的表现是出色的，相信选民会选举他。可是，机遇好像总是想捉弄他，他落选了。

之后，为了挣回竞选中花销的一大笔钱，他向州政府申请担任本州的土地官员。州政府退回了他的申请报告，上面的批文是："本州的土地官员要求具备卓越的才能、超常的智慧，你未能达到这些要求。"

在他一生经历的11次较大事件当中，只成功了两次，然后又是一连串的碰壁。可是他始终没有停止自己的追求，他一直在做自己生活的主宰。1860年，他最终当选为美国总统。

他，就是后来在美国历史上创出丰功伟绩的亚伯拉罕·林肯。

很显然，林肯的成功是与他的坚持不懈分不开的。在美国白宫的总统办公室里，他的肖像被悬挂在显眼的位置上，罗斯福总统曾告诉别人说："每当我碰到犹疑不决的事，便看看林肯的肖像，想象他处在这个情况下会怎么办，也许你会觉得好笑，但这的确是使我解决一切困难最有效的办法。"

林肯在屡遭失败后，如果他放弃了尝试，美国历史就要重新改写了。然而，面对艰难、不幸和挫折，他没有动摇，没有沮丧，他坚持着，奋斗着。他根本没有想过放弃努力。他不愿在失败之后放弃。正是这种坚持促成了他最后的成功。

如果你在办事的时候碰到了困难，请不要气馁，你可以想一下，当年的林肯，要比你困难得多！林肯竞选参议员失败后，他告诉他的同伴说："即使失败 10 次，甚或 100 次，我也绝不灰心放弃！"

对待挫折，不同的态度会招致不同的结果：当你遭人拒绝时就放弃努力，你得到的只能是失败；继续尝试，下定决心去获得成功，则是避免办事失败的最好办法。

对于那些自信而不介意暂时失败的人，没有所谓的失败；对于怀着百折不挠的意志的人，没有所谓的失败；对于别人放弃，他却坚持，别人后退，他却前进的人，没有所谓的失败；对于每次跌倒却立刻站起来，每次坠地反而像皮球那样跳得更高的人，没有所谓的失败。

笑看成败得失

何谓人生？

人生如波澜壮阔的大海，时而风平浪静，一望无际；时而狂飙怒吼，惊涛拍岸。

人生如风云变幻的天空，一时阳光灿烂，白云飘忽，彩虹飞架；一时乌云密布，电闪雷鸣，风狂雨暴。

人生如一支辗转曲回的乐曲，一段高昂激荡，震天动地，促人警醒；一段浑厚低沉，婉转回肠，催人泪下。

人生是一种态度

　　人生如分明的四季：鸟语花香，春天生机勃勃；水清叶绿，夏天骄阳似火；金黄灿烂，秋天馨香浓郁；银装素裹，冬天深沉睿智。

　　有喜有悲、有聚有散、有乐有苦、有得有失、有沉有浮、有爱有恨、有生有死，这才是人生。

　　一个人的性格，往往在大胆中蕴涵了鲁莽，在谨慎中伴随着犹豫，在聪明中体现了狡猾，在固执中折映出坚强。羞怯会成为一种美好的温柔，暴躁会表现为一种力量与激情，但无论如何，对于任何人，平常心都会赋予他们一种完美的色彩。笑看成败得失是一种健康的为人处世的方式，也是一种良好的人生态度。

　　求稳怕乱、惧怕失败、不冒风险、平平稳稳地过一辈子，这样虽然可靠，虽然平静，虽然可以保住一个"比上不足，比下有余"的人生，但那是一个懦夫的人生，一个悲哀而无聊的人生。其最为痛惜之处在于你自己葬送了自己的潜能。你本来可以有机会摘取成功之果，享受成功的喜悦，可是你却甘愿把它放弃了。与其造成这样的悔恨和遗憾，不如去勇敢地闯荡和探索；与其平庸地过一辈子，不如放手一搏。

　　项羽败给刘邦，项羽仍然是一位轰轰烈烈的英雄；李自成最终失败，李自成仍然是一位顶天立地的英雄；孙中山最终未能完成自己的心愿，孙中山仍然是一位伟人。

　　为了更大的成功，不应贪恋眼前的安逸和平稳，而应扬起你生命的风帆，顶着满天乌云，迎着惊涛骇浪，去进取，去拼搏，去展示你生命的力量，创造生命的辉煌。

　　松下幸之助曾说："不怕失败，只怕工作不努力，态度不认真。只要你专心工作，即使失败也是有心理准备的。当你再度从失败中站起来时，心中必已获取了有助于日后成功的资料。"

　　每一次失败，都是一次超越的机会，逃离失败、躲避失败，就会把一个人的活力与成长力剥夺殆尽，使人变成行尸走肉。所以，失败是超越自我的重要推动力，没有失败过的人，是从来没有成功过的人。

　　失败，是大自然对人类的严峻考验，是能够让人超越自我的过程，它借此烧掉人们心中的残渣，使之变得更为纯净，使人可以经得起严峻的考验。

第四篇　驾驭心态　树立正确心态，成就完美人生

林肯在竞选伊里诺斯州的参议员失败后说："如果圣明的百姓用他们的智慧决定我该接受这个磨炼，那么，我便会从失败中学会某些真理，而不致过分愤怒。"每一次失败，都能磨炼你的技巧，提高你的勇气，考验你的耐心，培养你的能力。

美国成功学专家拿破仑·希尔在总结了自己的7次失败之后说："看起来像是失败，其实却是一只看不见的慈祥之手，阻拦了我的错误路线，并以伟大的智慧强迫我改变方向，使我向着对我有利的方向前进。"失败，是超越自我的坐标，一旦发现此路不通，便要另辟蹊径，当许许多多这样的坐标明显地标示出来后，通往成功之路就更加清晰了。

历史告诉我们，名人志士的生活始终充满着斗争，他们正是以自己坚强的意志不断超越失败，从不断战胜困难中创造奇迹。人需要在超越失败中，不断超越自我。在完全调动起力量的时刻，人能达到创造的高峰。因此，我们应该抛弃以成败论英雄的偏见，而着眼于充分发挥自己的潜力，着眼于在奋斗的过程中实现自我价值。苏联作家佩克利斯指出："人的伟大和强大正在于——人能调动起自己体力、智力和情感上的潜力，始终不渝和一往无前地战胜一个又一个困难。而且，困难越大越复杂，就越能调动潜力的积极性，人的力量也就能得到最大限度的发挥。"

不敢冒险实质上是一种消极冒险，不敢失败实质上是人生的真正失败。一帆风顺的人达不到创造的顶峰，他们的潜力也不可能真正发挥出来。美国铁路大王詹姆士·T.赫鲁说："从来不曾失败过的人，不是傻子，就是卑鄙的小人。"

超越成败得失，以平常心看待结果，以平常心看待偶然因素，以平常心收拾残局，只要人生活在这个世界上，就会有悲欢离合，有得有失才是真正的人生。

不要幻想生活总是那么圆圆满满，也不要幻想在生活的四季中享受所有的春天，人生就是要跋涉沟沟坎坎，品尝苦涩与无奈，经历挫折与失意。

艰难险阻是人生对你另一种形式的馈赠，坑坑洼洼也是对你意志的磨砺和考验。花朵的落英在晚春凋零，来年又灿烂一片；树木的黄叶在秋风中飘落，春天又焕发出勃勃生机。这何尝不是一种达观，一种洒脱，一份人生的

成熟，一份人情的练达。

　　这种笑看得失，不是玩世不恭，更不是自暴自弃，而是一种思想上的轻装，一种目光的前瞻。笑看得失才不会终日郁郁寡欢，笑看得失才不觉得人生活得太累。

　　懂得了这一点，我们才不至于对生活求全责备，才不会在受挫之后彷徨失意。

　　懂得了这一点，我们才能挺起刚劲的脊梁，披着温柔的阳光，找到充满希望的起点。

第十八章
宽容对待他人

善待他人就是善待自己

有一天，一个小女孩和她的父亲到山中郊游。

小女孩是城里长大的，山中的一切都让她感到新奇，她高兴得跑了起来。突然，她被一块大石头绊了一下，摔倒在地上。她疼得大哭起来。这时，山谷中也传来一个女孩的哭声，声音和她的一模一样。她很好奇地大声问："你是谁？"山谷的回答也是："你是谁？"

"是谁在捉弄我呢？是谁在学我说话？"小女孩生气了，她大声地吼着"真讨厌"，这一次山谷那边的回答也是"真讨厌"。

小女孩气愤不已，问她父亲："这到底是怎么回事啊？"

父亲笑了笑，对女儿说："你好好对她，她也会好好对你的。"

小女孩于是喊了一声："你好！"结果传回来的也是："你好！"

小女孩感到很惊奇，再一次大声地说："我们做朋友，好吗？"传回来的也是："我们做朋友，好吗？"小女孩感到非常惊讶，但又不解。

父亲解释说："这是回音，也叫'生命'。"

在生活中，你用什么样的态度对待他人，对方也会用什么样的方式对待你。你对他发怒、对他抱怨，对方便会对你露出愁眉；你友善地对待身边的人，他们也会给予你帮助、赞美和真诚的友谊。

善待他人同时也是在善待自己。正像回音一样，你怒他也怒，你笑他也笑，一切取决于你的态度。

人生是一种态度

有一位很想成为富翁的青年，到处旅行流浪，辛苦地寻找着成为富翁的方法。几年过去了，他不但没有变成富翁，反而成为衣衫破烂的流浪汉。

观世音菩萨被他的虔诚感动了，就教他说："要成为富翁很简单，你从这寺庙出去以后，要珍惜你遇到的每一件东西、每一个人，并且为你遇见的人着想，布施给他。这样，你很快就会成为富翁了。"

青年听了，心想方法真简单，高兴得不得了，就告别菩萨，手舞足蹈地走出庙门，谁知一不小心竟踢到石头被绊倒在地上。当他爬起来的时候，发现手里粘了一根稻草，正想随手把稻草丢掉，猛然想起了观世音菩萨的话，便小心翼翼地拿着稻草向前走。

路上迎面飞来一只蜜蜂，他想起菩萨的话，就把蜜蜂绑在稻草上，继续往前走。

突然，他听见了小孩子号啕大哭的声音，走上前去，看见一位衣着华丽的妇人抱着正大哭大闹的小孩子，怎么哄都不行。当小孩看见青年手上绑着蜜蜂的稻草，好奇地立即停止了哭泣。那人想起菩萨的话，就把稻草送给孩子，孩子高兴得笑起来。妇人非常感激，送给他3个橘子。

他拿着橘子继续上路，走了不久，看见一个布商蹲在地上喘气。他想起菩萨的话，就走上前去问道：

"你为什么蹲在这里，有什么我可以帮忙的吗？"

布商说："我口渴呀！渴得连一步都走不动了。"

"那么，这些橘子送给你解渴吧！"他把3个橘子全部送给布商。布商吃了橘子，精神立刻振作起来。为了答谢他，布商送给他一匹上好的绸缎。

青年拿着绸缎往前走，看到一匹马病倒在地上，骑马的人正在那里一筹莫展。他就征求马主人的同意，用那匹上好的绸缎换那匹病马，马主人非常高兴地答应了。

他跑到小河边提了一桶水来给那匹马喝，细心地照顾它，没想到才一会儿，马就好起来了。原来马是因为口渴才倒在路上。

青年骑着马继续前进，在经过一家大宅院前面时，突然跑出来一个老人拦住他，向他请求：

"你这匹马，可不可以借给我呢？"

他想起观世音菩萨的话，就从马上跳下来，说："好，就借给你吧！"

那老人说:"我是这大屋子的主人,现在我有紧急的事要出远门。这样好了,等我回来还马时再重重地答谢你;如果我没有回来,这宅院和土地就送给你好了。你暂时住在这里,等我回来吧!"说完,就匆匆忙忙骑马走了。

青年在那座大宅院里住了下来,等老人回来。没想到老人一去不回,他就成为宅院的主人,过着富裕的生活。这时他领悟到:呀!我找了许多年的成为富翁的方法,原来这么简单!

我们每个人都应该带着友爱之心尽可能地帮助那些需要你帮助的人。你把爱心撒向世界,你的世界也就充满了爱,在爱的世界里成长,生命将无比精彩。

任何一种真诚而博大的爱都会在现实中得到相应的回报。付出你的爱,给别人力所能及的帮助,你的人生之路必将多通途、少险阻。

学会与别人分享

午夜,一对美国父母接到儿子打来的电话。儿子正在越南战争中服兵役。

"爸爸,妈妈,我要回家了。但是我要你们帮一个忙,我要带一个朋友一起回来。"

"应该是可以的。"父母亲颇为勉强地回答说,"我们会热情招待你的朋友的。"

"但是,有件事我一定要告诉你们,他在那可恶的战争中踩响了一个地雷,受了重伤,成了残疾人,少了一条腿和一只手。他已无处可去,我希望他能和我们住在一起。"

"我们为他感到遗憾,孩子。我们帮他另找一个地方住下,好吗?"

"不,他只能和我们住在一起。"

"孩子,你不知道,这样他会给我们造成多大的拖累,我们有我们的生活。孩子,你自己一个人回家来吧。他会有活路的。"话没说完,儿子的电话就断了。

父母在家等了许多天,未见儿子回来。

一个星期后,他们接到警察局打来的电话,被告知他们的儿子坠楼自杀了。

悲痛欲绝的父母飞到旧金山,在停尸房内,他们认出了他们的儿子。然而,他们惊愕地发现:他们的儿子少了一条腿、一只手。

人生是一种态度

　　吝啬分享的人往往自食恶果，就像那对父母，他们无法容纳一个残疾的陌生人，结果把自己身心俱受重创的儿子逼上了绝路。当他们看到自己儿子的尸体时，内心究竟是怎样一种感受？是痛苦？是悔恨？还是怪儿子太决裂？这些我们都无从知道，但这种自私与吝啬却造成了一个家庭永远的悲痛。

　　所以，当自己有蛋糕时，要懂得与别人分享；当别人有困难时，要懂得善待他人。这些都不是很复杂、很困难的事，有时候只不过是举手之劳，却不仅能轻松地与他人一起分享喜悦，给别人力量，还能使自己在精神上得到满足，何乐而不为呢？

　　一个男子坐在一堆金子上，伸出双手，向每一个过路人乞讨着什么。

　　吕洞宾走了过来，男子向他伸出双手。

　　"孩子，你已经拥有了那么多的金子，你还要乞求什么呢？"吕洞宾问。

　　"唉！虽然我拥有如此多的金子，但是我仍然不满足，我乞求更多的金子，我还乞求爱情、荣誉、成功。"男子说。

　　吕洞宾从口袋里掏出他需要的爱情、荣誉和成功，送给了他。

　　一个月之后，吕洞宾又从这里经过，那男子仍然坐在一堆黄金上，向路人伸着双手。

　　"孩子，你所求的都已经有了，难道你还不满足吗？"

　　"唉！虽然我得到了那么多东西，但是我还是不满足，我还需要快乐和刺激。"男子说。

　　吕洞宾把快乐和刺激也给了他。

　　一个月后，吕洞宾又见那男子坐在金子上，向路人伸着双手——尽管有爱情、荣誉、成功、快乐和刺激陪伴着他。

　　"孩子，你已经拥有了你想要的，你还乞求什么呢？"

　　"唉！尽管我已拥有了比别人多得多的东西，但是我仍然感到不满足，老人家，请你把满足赐给我吧！"男子说。

　　吕洞宾笑道："你需要满足吗？孩子，那么，请你从现在开始学着与人分享吧。"

　　吕洞宾一个月后从此地经过，只见这男子站在路边，他身边的金子已经所剩不多了，他正把它们施舍给路人。

　　他把金子给了衣食无着的穷人，把爱情给了需要爱的人，把荣誉和成功给了惨败者，把快乐给了忧愁的人，把刺激送给了麻木冷漠的人。现在，他一无所有了。

看着人们接过他施舍的东西，满含感激而去，男子笑了。

"孩子，现在你拥有满足了吗？"吕洞宾问。

"拥有了！拥有了！"男子笑着说，"原来，满足藏在与人分享的怀抱里啊。当我一味乞求时，得到了这个，又想得到那个，永远不知什么叫满足。当我与人分享时，我为我自己人格的完美而自豪，而满足；为我对人类有所奉献而自豪，而满足；为人们向我投来的感激的目光而自豪，而满足。"

"赠花予人，手留余香。"学会分享是美好人性的体现，同时也是一种处世智慧和快乐之道。有一句名言说过："人活着应该让别人因为你活着而得到益处。"

学会分享、给予和付出，你会感受到舍己为人、不求任何回报的快乐和满足。的确，在生活中，超越狭隘、帮助他人、撒播美丽、善意地看待这个世界……那么，快乐、幸福和丰收会时时与我们相伴。对此，罗曼·罗兰说得很精彩："快乐和幸福不能靠外来的物质和虚荣，而要靠自己内心的高贵和正直。"

即使你拥有金钱、爱情、荣誉、成功，你也可能没有快乐。快乐是人生的至高追求，只有给予和与人分享，你才能实现这一追求。

在生活中，从一个表情、一句问候、一个眼神开始，学会与人分享，善意地看待这个世界，那么快乐就会时时与我们相伴。

己所不欲，勿施于人

2000多年前，孔子的学生子贡问孔子："有没有一句话可以作为终生奉行不渝的法则呢？"孔子回答说："其恕乎！己所不欲，勿施于人。"也就是说，自己不喜欢的和不能接受的事情，不要强加给别人。凡事要从对方的角度出发考虑问题，要学会多体谅一下别人，这是做人的根本原则和处世的原则，并且从中也可以看出一个人的个人修养。

老百姓遇事常说："将心比心。""人心都是肉长的。"这实际上正是在推行"己所不欲，勿施于人"的恕道。

但遗憾的是，世道人心，往往反其道而行之。一般人恰好是自己不想做的事，就想让别人去做；自己不想要的东西，就巴不得卖给别人。相反，自己想做的事，自己钟爱的东西，就不愿意与别人分享。之所以会如此，其根本原因在于这些人凡事都很少为他人着想，而是为自己着想。追根究底，还是自私狭隘之心在作怪。

这是一个真实的故事，在某个国家，白人的种族优越感十分强烈，政府实施了非常严苛的"种族隔离"政策，不允许黑人进入白人专用的公共场所。白人也不喜欢与黑人来往，认为他们是低贱的种族，避之唯恐不及。

有一天，一个长发的白人女郎在沙滩上做日光浴，由于过度疲劳，她睡着了。当她醒来时，太阳已经下山了。此时，她觉得肚子饿了，便走进沙滩附近的一家餐馆。

她推门而入，选了张靠窗的椅子坐下。她坐了约15分钟，没有侍者前来招待她。她看着那些招待员都忙着招待比她来得还迟的顾客，对她则不屑一顾，顿时怒气满腔，想走上前去责问那些招待员。

当她站起来，正想上前时，看到眼前有一面大镜子，她看着镜中的自己，眼泪不由夺眶而出。

原来，她已被太阳晒黑了。此时，她才真正体会到黑人被白人歧视的滋味！

"种族歧视"由来已久，所谓的"种族优越"也只是某些人的狭隘之心在作怪。其实人与人本无差异，故事中的白人女郎用自己的亲身经历品尝了"种族歧视"的恶果。

无论做任何事，我们都要设身处地去为他人着想。"己所不欲，勿施于人。"不要只为一点个人的小利益而有私心或怨恨。

要做到"己所不欲，勿施于人"，就要将心比心，从对方的立场出发：自己希望怎样生活，就想到别人也会希望怎样生活；自己不愿意别人怎样对待自己，就不要那样对待别人；自己希望在社会上能站得住，能通达，就应该帮助别人站得住，能通达。美国的欧文梅说："一个人若能从别人的观点来看事情，了解别人的心灵活动，就永远也不必为自己的前途担心。"我们要学会体谅别人，站在别人的立场来看问题，这样就可以减少生活中的摩擦，人与人之间的关系也就会变得更加和谐。

从自己的内心出发，推及他人，去理解他人，对待他人。

要想钓到鱼，就应该先问问鱼想要吃什么，不想吃什么。生活中，许多人都有过钓鱼的经历和经验。鱼饵很重要，但它的选择不能根据钓鱼者的口味爱好，而应根据鱼的爱好。世间万物都是相通的。我们在与人交往中，特别喜欢结交那些了解自己、顺着自己喜好的人。同样，我们也应该站在对方的立场上，考虑他们喜欢什么，不喜欢什么。

为什么要如此友善地考虑到其他人呢？

真正的原因是：你种下什么，收获的就是什么。

播种一个行动，你会收获一个习惯；播种一个习惯，你会收获一种个性；播种一种个性，你会收获一个命运；播种一个善行，你会收获一个善果；播种一个恶行，你会收获一个恶果。

佛家云："善恶自有报。"你不公平地对待别人，将来总有一天别人会将这种不公还于你，如此循环，"冤冤相报何时了"。你所释放出来的每一种思想的后果，都会回报到自己身上。因为你对其他人的所有行为，以及你对其他人的思想，都会经自我暗示而全部记录在你的潜意识中，这些行为和思想的性质会修正你的个性，而你的个性相当于一个磁场，会把和你个性相近的人或情况吸引到你的身边。

"己所不欲，勿施于人"是人生大哲理，也是中华民族的传统美德。付出一份包容之心，宽恕的不仅是别人，还有自己。